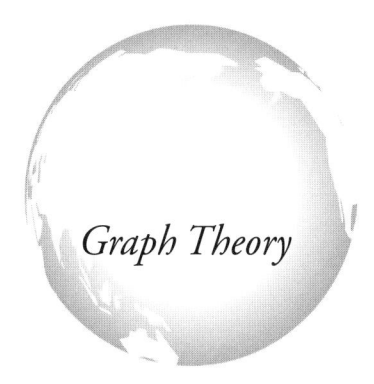

グラフ理論

一森哲男 著

共立出版

はしがき

　グラフ理論のはじまりは 1736 年とされており，ほぼ 270 年の歳月が経過している．しかし，その発展はおもにここ数十年間になされたものである．その主因はコンピュータの発達にある．現在のコンピュータが扱うシステムは年々巨大化してきており，その設計や解析にグラフ理論は必要不可欠なものとなってきている．本書はコンピュータサイエンスやさまざまなシステムを学ぶ人々に必須の内容をわかりやすく解説している．

　グラフ理論の説明に入る前に，第 1 章では集合や写像あるいは関係について簡潔な説明を与えた．これらはグラフ理論を理解するのに役立つものであるが，この部分を読み飛ばしても第 2 章以下のグラフ理論の説明は理解できるように書いている．第 2 章で，グラフの基本的な用語等の説明からはじめ，次の第 3 章では，グラフの基本中の基本である木の話題へと続いている．そのあとは，応用として重要であり，いろいろな場面でしばしば現れる話題を扱っている．具体的には，第 4 章では正則グラフ，第 5 章ではオイラーグラフ，第 6 章ではグラフの平面性，第 7 章ではグラフの彩色をそれぞれ扱っている．グラフ理論では一般に，無向グラフを中心に記述されているが，最近のグラフが応用されている状況を鑑みて，本書では，有向グラフと無向グラフをバランスよく扱った．また，他の分野で詳しく議論されている内容，例えば，ネットワークフローなどは割愛した．

　すべての練習問題は内容を理解するのに役立つ問題を取り上げた．計算問題と証明問題をバランスよく配置した．計算問題は一瞬にして解けるものは少なく，かなりの労力を必要とする問題にしている．しかしながら，わからないといって投げ出してしまいたくなる問題はほとんどない．一方，証明問題は近ごろ嫌われる傾向にあるが，論理的に考える習慣や論理的に議論を展開する習慣は非常に大切であるので，基本的な問題を厳選した．これらの答

えは本書の最後に与えている．ほとんどの問題に対し，詳しい解答を与えているが，これらの答えを見るだけでなく，ぜひ自分の力で解を見つけていただきたい．第4章で距離行列という名前で行列が顔を出すものの，これらの問題を解くには行列や行列式の知識を必要としない．もちろん，微分や積分の知識も必要としないので，数学が苦手な人にもじっくり考えてもらえば，練習問題の解を見つけるのはそう難しくないはずである．そのような意味でも，本書の範囲内のグラフ理論はだれにでもエンジョイできる学問である．

　本書を学ぶことにより，さまざまな分野の学習に役立てばありがたい．本書を出版するに際し，終始お世話いただいた共立出版(株)の寿日出男氏に心から感謝いたします．

2002年8月
　大阪にて

一森 哲男

目　次

第 1 章　数学的準備　1
1.1　集　合 1
1.2　集合演算 5
1.3　写　像 11
1.4　関　係 14

第 2 章　グ ラ フ　19
2.1　グラフとは 19
2.2　有向グラフ 22
2.3　経路と閉路と成分 23
2.4　頂点の次数 27
2.5　部分グラフと完全グラフと 2 部グラフ ... 27

第 3 章　木　31
3.1　木の定義と性質 31
3.2　全域木と同型グラフ 34
3.3　完全グラフの全域木の総数 ... 37

第 4 章　正則グラフ　43
4.1　無向正則グラフ 43
4.2　超立方体グラフ 43
4.3　グラフの直径 49
4.4　有向正則グラフ 51

第 5 章　オイラーグラフ　59
5.1　一筆書き 59

- 5.2 一筆書きの描き方 62
- 5.3 フラーリーのアルゴリズムの正当性 66
- 5.4 グラフ理論のはじまり 71
- 5.5 有向グラフでのオイラー閉路 73
- 5.6 一筆書きの応用 74

第6章 グラフの平面性　　85
- 6.1 平面的グラフ 85
- 6.2 クラトフスキーの定理 90
- 6.3 平面グラフに関するオイラーの公式 91
- 6.4 平面グラフの面の次数 94
- 6.5 単純平面的グラフの特徴 95

第7章 グラフの彩色　　99
- 7.1 グラフの彩色数 99
- 7.2 ブルックスの定理の証明 103
- 7.3 平面的グラフの彩色 108
- 7.4 辺彩色 111
- 7.5 ビジングの定理 117

練習問題の略解　　125

参考文献　　143

索　引　　145

第1章　数学的準備

1.1　集　合

ものの集まりを**集合**(set) という．集合の中に含まれるものを**要素**あるいは**元**(element) という．一般に集合を表すのに大文字 A, B, C などを用い，要素を表すのに小文字 a, b, c などを用いる．あるもの a が集合 A に含まれるとき，つまり a が A の要素であるとき

$$a \in A$$

と書く．このとき，a は A に属するともいう．そうでないとき，つまり a が A の要素でないとき

$$a \notin A$$

と書き，a は A に属さないという．

　要素を示すことにより集合を表す方法は2つある．1番目の方法は中かっこ $\{\ \}$ の中に，その要素をすべて書き並べる方法である．ただし，3つのドット $\ldots$ を用いて一部を略することも多い．例えば，要素が1から10までの整数の集合は

$$\{1, 2, 3, 4, 5, 6, 7, 8, 9, 10\}$$

あるいは

$$\{1, 2, \ldots, 10\}$$

と書かれる．要素の並べ方は自由で，例えば

$$\{2, 4, 6\}, \{2, 6, 4\}, \{4, 2, 6\}, \{4, 6, 2\}, \{6, 2, 4\}, \{6, 4, 2\}$$

はすべて同じ集合である．しかも，同一要素を重複して書いても同じ集合のままである．だから
$$\{2, 4, 6, 2\} = \{2, 4, 6\}$$
であるが，左辺のような書き方はふつう用いられない．

2 番目の方法は条件を用いる方法で
$$\{\, x \mid x \text{ に関する条件}\,\}$$
と書かれる．例えば，集合 $\{2, 4, 6\}$ は
$$\{\, x \mid 2 \leq x \leq 6 \text{ を満たす偶数}\,\}$$
と書ける．

集合の要素数が有限のものを有限集合，無限のものを無限集合という．集合 A が有限集合のとき，その要素数を $|A|$ と書き，A の**基数**または**濃度**(cardinality) という．

2 つの集合 A と B に対し，A に属するすべての要素 x に対し，$x \in B$ ならば，A は B の**部分集合**(subset) という．記号では
$$A \subseteq B$$
と書き，A は B に含まれるともいう．このとき，A と B が有限集合であれば，基数に関して $|A| \leq |B|$ である．例えば，集合 $\{1, 2, 3\}$ は集合 $\{1, 2, 3, 4\}$ の部分集合であり
$$|\{1, 2, 3\}| = 3 \leq |\{1, 2, 3, 4\}| = 4$$
である．

上記の部分集合の定義では，自分は自分の部分集合になっている．つまり，$A \subseteq A$ であることに注意したい．そこで，ある集合が自分自身ではない他の集合の部分集合になっているとき，特にその集合を**真部分集合**(proper subset) という．集合 A が B の真部分集合のとき，記号では
$$A \subset B$$
と書く．このとき，A と B が有限集合であれば，明らかに $|A| < |B|$ である．

いま，要素数が 0 の集合を考えてみる．この集合を**空集合**(empty set) とよび，記号では $\emptyset$ あるいは $\{\ \}$ で表す．もちろん

$$|\emptyset| = |\{\ \}| = 0$$

である．

次に，集合 $\{1,2,3\}$ の部分集合を列挙してみる．

- 基数 3 のものとして $\{1,2,3\}$
- 基数 2 のものとして $\{1,2\}, \{1,3\}, \{2,3\}$
- 基数 1 のものとして $\{1\}, \{2\}, \{3\}$
- 基数 0 のものとして $\emptyset = \{\ \}$

すべてで 8 つである．さて，部分集合はもちろん集合であるが，これら 8 つの集合を要素とする集合，つまり

$$\{\{1,2,3\}, \{1,2\}, \{1,3\}, \{2,3\}, \{1\}, \{2\}, \{3\}, \{\ \}\}$$

も定義できる．

この集合のように，集合 A のすべての部分集合を要素とする集合を A の**べき集合**(power set) とよび，記号 2^A あるいは $\mathcal{P}(A)$ で表す．

有限集合 A のべき集合 2^A の基数 $|2^A|$ に関しては

$$|2^A| = 2^{|A|}$$

という関係が成り立つ．例えば，$A = \{1,2,3\}$ としたとき，集合 A のべき集合 2^A の基数は 8 であったが，$|A| = 3$ なので，確かに

$$|2^A| = 2^{|A|} = 2^3 = 8$$

となっている．これは A の各要素が A の部分集合に属するか属さないかの 2 通りの場合があるためで，全要素に対しトータルで $2^{|A|}$ 通りの場合，つまり $2^{|A|}$ 個の部分集合が存在するためである．あるいは，次のように考えるとわかりやすいかもしれない．

再び，$A = \{1,2,3\}$ としたとき A のべき集合の中で要素 3 を含まないものは
$$\{1,2\}, \{1\}, \{2\}, \{\ \}$$
の 4 つであり，要素 3 を含むものも
$$\{1,2,3\}, \{1,3\}, \{2,3\}, \{3\}$$
の 4 つである．この後者の 4 つの集合から要素 3 を取り除くと，前者の 4 つの集合と全く同じものになる．しかも，それは集合 $\{1,2\}$ のべき集合の 4 要素そのものである．そのため
$$|2^{\{1,2,3\}}| = 2 \times |2^{\{1,2\}}|$$
となる．同様の理由で
$$|2^{\{1,2\}}| = 2 \times |2^{\{1\}}|$$
となる．さらに，$2^{\{1\}} = \{\{1\},\{\ \}\}$ なので
$$|2^{\{1\}}| = 2$$
である．よって
$$|2^{\{1,2,3\}}| = 2 \times 2 \times 2 = 2^3$$
となる．これを一般化すると $A = \{1,2,\ldots,n\}$ のべき集合の基数は
$$|2^A| = |2^{\{1,2,\ldots,n\}}| = \overbrace{2 \times 2 \times \cdots \times 2}^{n\ 回} = 2^n = 2^{|A|}$$
となる．

　誤解する人が多いが，記号 2^A は集合（べき集合）を表す記号であり，決して数値を表しているのではない．その意味ではもう 1 つの記号 $\mathcal{P}(A)$ を用いたほうがいいのかもしれないが，基数の関係式 $|2^A| = 2^{|A|}$ を記憶するには記号 2^A のほうが便利である．

練習問題

1.1 有限集合 $A = \{1, 2, 3, 4\}$ のべき集合を示し，その基数を求めよ．

1.2 有限集合 $A = \{1, 2, \ldots, n\}$ に関して，べき集合の基数に関する公式
$$|2^A| = 2^{|A|}$$
を数学的帰納法を用いて証明せよ．

1.2 集合演算

2つの集合 A と B に対し，A または B に属する要素（このとき，A と B の両方に属する要素ももちろん含む）全体からなる集合を A と B の**和集合**あるいは**合併集合**(union) といい，記号では
$$A \cup B$$
と書く．和集合の演算記号 $\cup$ はカップ (cup) と読む．例えば，$A = \{1, 2, 3\}$, $B = \{2, 3, 4\}$ ならば $A \cup B = \{1, 2, 3, 4\}$ である．

和集合に関して
$$A \subseteq A \cup B, \qquad B \subseteq A \cup B,$$
$$A \cup A = A, \qquad A \cup \emptyset = A$$
などは明らかである．さらに，3つの集合 A, B, C に対し
$$(A \cup B) \cup C = A \cup (B \cup C)$$
となるので，かっこをはずしても混乱は生じない．よって，$A \cup B \cup C$ と書き，これを集合 A, B, C の和集合という．一般に，n 個の集合 $A_1, A_2, \ldots, A_n$ の和集合は
$$A_1 \cup A_2 \cup \cdots \cup A_n$$
または
$$\bigcup_{i=1}^{n} A_i$$

と書く．

2つの集合 A と B に対し，A と B の両方に属する要素からなる集合を A と B の**積集合**あるいは**共通部分**(intersection) といい，記号では

$$A \cap B$$

と書く．積集合の演算記号 $\cap$ はキャップ (cap) と読む．例えば，$A = \{1, 2, 3\}$，$B = \{2, 3, 4\}$ ならば $A \cap B = \{2, 3\}$ である．

積集合に関して

$$A \cap B \subseteq A, \qquad A \cap B \subseteq B,$$
$$A \cap A = A, \qquad A \cap \emptyset = \emptyset$$

などは明らかである．さらに，3つの集合 A, B, C に対し

$$(A \cap B) \cap C = A \cap (B \cap C)$$

なので，和集合の場合と同じく，かっこをはずして $A \cap B \cap C$ と書き，これを集合 A, B, C の積集合という．

一般に，n 個の集合 $A_1, A_2, \ldots, A_n$ の積集合は

$$A_1 \cap A_2 \cap \cdots \cap A_n$$

または

$$\bigcap_{i=1}^{n} A_i$$

と書く．

2つの集合 A と B に対し，A に属するが B には属さない要素全体からなる集合を A と B の**差集合**(difference) といい，記号では

$$A - B$$

または

$$A \setminus B$$

と書く．後者の記号 $\setminus$ はバックスラッシュ (backslash) という．例えば，$A = \{1, 2, 3\}$，$B = \{2, 3, 4\}$ ならば $A - B = \{1\}$ である．

考える対象のもの全体からなる集合を**普遍集合**(universal set) といい，記号 Ω で表す．Ω に含まれる部分集合 A に対し，差集合 $\Omega - A$ を A の**補集合**(complement) といい，記号では

$$\bar{A} \quad \text{または} \quad A^C$$

と書く．このとき，明らかに $\bar{A}$ の補集合はもとの集合 A である．記号 $^-$ はもちろんバー (bar) と読む．

ここまでで定義された和集合，積集合，差集合，補集合は集合間の演算の結果生じた集合であるが，これらの集合演算に対し以下の関係が成り立つ．

(1) べき等律 (idempotency)

$$A \cup A = A, \quad A \cap A = A$$

(2) 交換律 (commutativity)

$$A \cup B = B \cup A, \quad A \cap B = B \cap A$$

(3) 結合律 (associativity)

$$(A \cup B) \cup C = A \cup (B \cup C), \quad (A \cap B) \cap C = A \cap (B \cap C)$$

(4) 分配律 (distributivity)

$$A \cup (B \cap C) = (A \cup B) \cap (A \cup C), \quad A \cap (B \cup C) = (A \cap B) \cup (A \cap C)$$

(5) 吸収律 (absorption)

$$A \cup (A \cap B) = A, \quad A \cap (A \cup B) = A$$

(6) **ド・モルガンの法則**(de Morgan's law)

$$\overline{A \cup B} = \bar{A} \cap \bar{B}, \quad \overline{A \cap B} = \bar{A} \cup \bar{B}$$

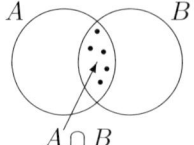

図 1.1 積集合 $A \cap B$

　これらの集合演算の関係は，定義から容易に導くことができるが，一般には次の**ベン図**(Venn diagram) で説明される．ベン図では普遍集合は長方形で，他の集合は円で表される．例えば，集合 A と B およびそれらの積集合 $A \cap B$ との関係は図 1.1 で表される．図中の黒点で示された部分が $A \cap B$ を表している．ベン図を用いれば，分配律 $A \cup (B \cap C) = (A \cup B) \cap (A \cup C)$ は図 1.2 で容易に説明できる．

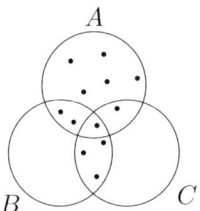

図 1.2 分配律 $A \cup (B \cap C) = (A \cup B) \cap (A \cup C)$

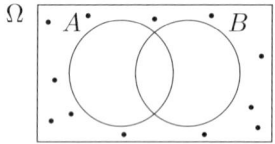

図 1.3 ド・モルガンの法則 $\overline{A \cup B} = \bar{A} \cap \bar{B}$

　同様にド・モルガンの法則 $\overline{A \cup B} = \bar{A} \cap \bar{B}$ も図 1.3 で容易に証明できる．
　2つの集合 A と B に対し，A の要素を第 1 成分とし，B の要素を第 2 成分とする組合せ全体からなる集合を A と B の**直積** (direct product) といい，

記号では
$$A \times B$$
と書く．例えば，$A = \{1, 2, 3\}$, $B = \{2, 3, 4\}$ ならば
$$A \times B = \{(1,2), (1,3), (1,4), (2,2), (2,3), (2,4), (3,2), (3,3), (3,4)\}$$
となる．A と B が有限集合であれば基数に関して
$$|A \times B| = |A| \times |B|$$
である．実際，上記の例では
$$|\{1,2,3\} \times \{2,3,4\}| = 9$$
$$|\{1,2,3\}| \times |\{2,3,4\}| = 3 \times 3 = 9$$
である．同一の集合どうしの直積 $A \times A$ は A^2 とも書かれる．

一般に，n 個の集合 $A_1, A_2, \ldots, A_n$ の直積は
$$A_1 \times A_2 \times \cdots \times A_n$$
と書く．n 個の A の直積は A^n と書く．

集合 A とか B などという場合の A や B は特に何かを表すわけではないが，次の記号はしばしば特別な集合を表すのに用いられる．

$$\mathbf{N} = \text{自然数全体の集合}$$
$$\mathbf{Z} = \text{整数全体の集合}$$
$$\mathbf{Q} = \text{有理数全体の集合}$$
$$\mathbf{R} = \text{実数全体の集合}$$

よく見かけるが，$\mathbf{R}^2$ は平面上の点の集合を，$\mathbf{R}^3$ は空間内の点の集合を示すのに用いられるが，これらの意味は直積の定義から明らかである．

2つの集合 A と B に対し，A の要素と B の要素を（同一要素までも）完全に区別した和集合を A と B の**直和**(direct sum) といい，記号では
$$A + B$$

と書く．A の要素と B の要素を区別する方法としては，A の要素 a を $(a,0)$ とし，B の要素 b を $(b,1)$ とするのが一般的である．だから A と B の直和は

$$A + B = \{\,(a,0) \mid a \in A\,\} \cup \{\,(b,1) \mid b \in B\,\}$$
$$= \{A \times \{0\}\} \cup \{B \times \{1\}\}$$

と定義される．例えば，$A = \{1,2,3\}$, $B = \{2,3,4\}$ ならば

$$A + B = \{(1,0),(2,0),(3,0),(2,1),(3,1),(4,1)\}$$

となる．A と B が有限集合であれば基数に関して

$$|A+B| = |A| + |B|$$

である．

　2つの集合 A と B に対し，その両方の集合に属する要素が存在しないとき，つまり $A \cap B = \emptyset$ のとき，A と B は**互いに素**(disjoint) という．また，A と B は**交わらない**ともいう．A と B が互いに素であれば，A と B の直和は上記の定義を用いないで，単に

$$A + B = A \cup B$$

とする．

　一般に，n 個の集合 $A_1, A_2, \ldots, A_n$ が互いに素とは，異なるどの2つの集合の積集合も空集合であることを意味する．このとき，これら n 個の集合の直和は

$$A_1 + A_2 + \cdots + A_n = A_1 \cup A_2 \cup \cdots \cup A_n$$

である．ここで，これら n 個の集合のどれもが空集合でなければ，集合 $\{A_1, A_2, \ldots, A_n\}$ を集合 $A = A_1 + A_2 + \cdots + A_n$ の**直和分割**(direct-sum partition) あるいは単に**分割**(partition) という．例えば，$A_1 = \{1,3,5\}$, $A_2 = \{2,4\}$ とすれば，集合 $\{\{1,3,5\},\{2,4\}\}$ は集合 $\{1,2,3,4,5\}$ の直和分割になっている．定義上，$n = 1$ のとき，$\{A_1\}$ を $A = A_1$ の分割とする．

練習問題

1.3 次の集合は同じであるか否かを述べよ．
(1) $\{0,1,2\}$ と $\{1,1,0,2,2,2\}$
(2) $\{0,1,2\} \cup \emptyset$ と $\{0,1,2\} \cup \{\emptyset\}$
(3) $\{0,1,2\} \setminus \{0,1,2,3\}$ と $\{\ \}$

1.4 ド・モルガンの法則 $\overline{A \cup B} = \bar{A} \cap \bar{B}$ をベン図を用いないで，式で証明せよ．

1.5 2つの集合 A と B に関するド・モルガンの法則 $\overline{A \cup B} = \bar{A} \cap \bar{B}$ を用いて次式をそれぞれ証明せよ．
(1) $\overline{A \cup B \cup C} = \bar{A} \cap \bar{B} \cap \bar{C}$
(2) $\overline{\bigcup_{i=1}^{n} A_i} = \bigcap_{i=1}^{n} \overline{A_i}$

1.3 写 像

2つの集合 A と B に対し，A の1つひとつの要素に対し，B の1つの要素を対応づけることを考えてみる．このとき，A の要素はすべて対応づけられるが，B の要素の中には対応づけられていないものもある．さらに，この対応づけの方法はある規則に従っているとする．この規則を f と書き，これを A から B への**写像**(mapping) あるいは**関数**(function) という．記号では

$$f : A \to B$$

と書く．この場合，A を f の**定義域**(domain) という．また，A から A 自身への写像を A 上の写像という．

写像 f つまり対応規則 f により，A の要素 a に対し B の要素 b が対応づけられているとき，記号では

$$b = f(a)$$

と書く．$f(a)$ は a の f による**像**(image) という．

像 $f(a)$ は集合 A に属する1つの要素 a に対し定義された，集合 B の要素であるが，A の要素の像全体の集合，つまり

$$\{\, f(a) \mid a \in A \,\}$$

を f の**値域**(range)といい，$f(A)$ と書く．以前に述べたように，このとき

$$f(A) \subseteq B$$

であって，必ずしも $f(A) = B$ とは限らない．もし $f(A) = B$ となっていれば，f は**全射**(surjection)あるいは**上への写像**(onto mapping)といわれる．

写像 $f : A \to B$ が $a_1 \neq a_2$ ならば $f(a_1) \neq f(a_2)$ となっていれば，f は**単射**(injection)または **1 対 1 の写像**(one-to-one mapping)といわれる．

写像 $f : A \to B$ が全射でありかつ単射であれば f は**全単射**(bijection)といわれる．

A から B への写像 f と B から C への写像 g が与えられたとき，B の要素を経由して A の各要素は C の要素に対応づけられる．この対応づけは A の要素 a に対し C の要素 $g(f(a))$ が対応づけられる．このときの A から C への写像を f と g の**合成写像**(composition)といい，記号では

$$g \circ f$$

と書かれる．写像 f と g の順序に注意したい．例えば，集合 $A = \{1, 2, 3\}$，$B = \{2, 3, 4\}$，$C = \{4, 5, 6\}$ と写像

$$f(n) = n + 1, \quad n = 1, 2, 3$$
$$g(n) = n + 2, \quad n = 2, 3, 4$$

が与えられたとき，f と g の合成写像は

$$(g \circ f)(n) = n + 3, \quad n = 1, 2, 3$$

と書ける．

A 上の写像で，A の各要素がその要素自身に対応づけられている写像は A 上の**恒等写像**(identity mapping)といわれ，記号では

$$1_A$$

もしくは A を略して単に

$$1$$

と書かれる．このとき，A の各要素 a に対し

$$1(a) = a$$

である．明らかに，恒等写像 1 は全単射である．

A から B への写像 f が全単射であれば，B の各要素 $b = f(a)$ に対し A の 1 要素 a が対応づけられる．この対応づけ規則，つまり B から A への写像を f^{-1} と書き，これを f の**逆写像**(inverse mapping) という．逆写像を用いれば，B の要素 b と A の要素 a との対応関係は $a = f^{-1}(b)$ ともいえる．明らかに，f^{-1} は全単射である．定義より

$$f^{-1} \circ f = 1_A$$
$$f \circ f^{-1} = 1_B$$
$$(f^{-1})^{-1} = f$$

であることに注意したい．

A から B への写像 f に対し，f の定義域 A を A の部分集合 A' に制限した写像を考えることができる．この写像を f の A' への**制限**(restriction) といい，記号では

$$f|A'$$

と書かれる．もちろん，$f(a) = b \quad (a \in A')$ ならば $(f|A')(a) = b$ である．逆に，f は $f|A'$ の A への**拡大**(extension) といわれる．

練習問題

1.6 2つの写像 $f: A \to B, g: B \to C$ を考える．このとき，$g \circ f: A \to C$ が全射であって g が単射であるならば，f は全射であり g は全単射であることを証明せよ．
ヒント：g は単射と仮定されているので，全射であることを示せばよい．f の値域 $f(A)$ に属さない要素 $b \in B$ や g の値域 $g(B)$ に属さない要素 $c \in C$ が存在すればどのような矛盾が生じるかを考えよ．

1.7 写像 $f: X \to Y$, 集合 $U \subseteq X$ に対して

$$f(U) = \{ f(x) \mid x \in U \}$$

と定めると，次の関係が成り立つことを示せ．ここで，$A, B \subseteq X$ とする．

(1) $f(A \cup B) = f(A) \cup f(B)$

(2) $f(A \cap B) \subseteq f(A) \cap f(B)$

1.8 写像 $f : X \to Y$, 集合 $V \subseteq Y$ に対して

$$f^{-1}(V) = \{\, x \mid f(x) \in V \,\}$$

と定めると，次の関係が成り立つことを示せ．ここで，$C, D \subseteq Y$ とする．

(1) $f^{-1}(C \cup D) = f^{-1}(C) \cup f^{-1}(D)$

(2) $f^{-1}(C \cap D) = f^{-1}(C) \cap f^{-1}(D)$

1.9 写像 $f : X \to Y$, 集合 $U \subseteq X$ に対して

$$f(U) = \{\, f(x) \mid x \in U \,\}$$

写像 $f : X \to Y$, 集合 $V \subseteq Y$ に対して

$$f^{-1}(V) = \{\, x \mid f(x) \in V \,\}$$

と定めると，次の関係が成り立つことを示せ．ここで，$A \subseteq X$, $B \subseteq Y$, $C \subseteq f(X)$ とする．

(1) $A \subseteq (f^{-1} \circ f)(A)$

(2) $B \supseteq (f \circ f^{-1})(B)$

(3) $C = (f \circ f^{-1})(C)$

1.4 関　係

2つの集合 A と B に対し，A の要素 a が B の要素 b に対して関係 R をもてば，記号で

$$aRb$$

と書き，関係をもたなければ

$$a \not R b$$

と書く．このとき，関係 R には方向性があることに注意したい．つまり，aRb と bRa は区別される．しかしながら，aRb と書いて a と b は関係 R にあるというように，つまり方向性を無視したようないわれ方をする．

このような2要素間の関係を **2項関係**(binary relation) とよぶ．だから，2項関係は2つの集合 A と B の直積 $A \times B$ の部分集合とも考えられる．つ

まり $(a,b) \in R$ と aRb は同じことと考えられる．$A \times B$ の部分集合である 2 項関係 R は A から B への 2 項関係といわれ，$A \times A$ の部分集合である 2 項関係 R は A 上の 2 項関係といわれる．

集合 A から B への写像 f は A の要素 a と B の要素 b との間に，$f(a) = b$ という関係 R（R は A から B への関係であり，aRb）を定義しているともいえる．つまり，写像は関係の特別なものである．

$A = \{1, 2, 3\}$ のとき

$$A^2 = \{(1,1), (1,2), (1,3), (2,1), (2,2), (2,3), (3,1), (3,2), (3,3)\}$$

であるが，A 上の 2 項関係 R を

$$\{(1,2), (1,3), (2,3)\}$$

と定義すれば，この 2 項関係は小なり ($<$) の関係，つまり

$$1 < 2, \quad 1 < 3, \quad 2 < 3$$

の関係である．

写像の場合と同様に，合成関係，恒等関係，逆関係などが定義される．

集合 A から B への 2 項関係 R と集合 B から C への 2 項関係 S が与えられたとき，A から C への 2 項関係 $R \circ S$ を定義する．これは A の要素 a と C の要素 c との関係で，aRb かつ bSc となる B の要素 b が存在すれば a と c は関係をもつ，つまり $a(R \circ S)c$ となる．この 2 項関係 $R \circ S$ を 2 項関係 R と S の**合成関係**(composition) という．写像は関係の特別なものであるが，以前の合成写像 $g \circ f$ の写像の順序と，この合成関係 $R \circ S$ の関係の順序の書き方が逆になっていることに注意したい．

集合 A 上の 2 項関係で，A の各要素がその要素自身に対してもつ関係は A 上の**恒等関係**(identity relation) といわれ，記号では

$$I$$

と書かれる．このとき，A の各要素 a に対し

$$aIa$$

である．

A から B への2項関係 R が与えられたとき，A の要素 a が B の要素 b に対し aRb ならば，必ず b が a に対し関係をもつのであれば，この関係は R の**逆関係**(inverse relation) といわれ，記号では

$$R^{-1}$$

と書かれる．このとき

$$bR^{-1}a$$

である．

先の例で，A 上の2項関係 $R = \{(1,2), (1,3), (2,3)\}$ に対して，この R の逆関係 R^{-1} は

$$R^{-1} = \{(2,1), (3,1), (3,2)\}$$

である．この逆関係 R^{-1} は大なり ($>$) の関係，つまり

$$2 > 1, \quad 3 > 1, \quad 3 > 2$$

の関係である．

集合 A 上の2項関係 R はそれぞれ

(1) A の各要素 a に対し，aRa ならば**反射的**(reflexive)

(2) A の要素 a と b に対し，aRb のとき bRa となるならば（つまり，R が方向性を失えば）**対称的**(symmetric)

(3) A の要素 a と b と c に対し，aRb かつ bRc のとき aRc となるならば**推移的**(transitive)

(4) A の要素 a と b に対し，aRb かつ bRa のとき $a = b$ となるならば（つまり，R は一方向にしか方向がないならば）**反対称的**(antisymmetric) とよばれる．

例えば，$\mathbf{N} = \{1, 2, 3, \ldots\}$ 上の小なりイコール ($\leq$) の関係は

$$1 \leq 1, \quad 2 \leq 2, \quad 3 \leq 3, \quad \ldots$$

なので反射的であるが，$1 \leq 2$ であっても $2 \leq 1$ とはならないので対称的ではない．また，$a \leq b$ かつ $b \leq c$ ならば $a \leq c$ となるので推移的であり，$a \leq b$ かつ $b \leq a$ ならば $a = b$ なので反対称的である．

もう 1 つ，$\mathbf{N} = \{1, 2, 3, \ldots\}$ 上の**偶奇性**あるいは**パリティ**(parity) が等しい関係 R を考える．つまり，aRb は a と b がどちらも偶数であるか，または奇数であることを意味する．aRb ならば，もちろん bRa であり R は方向性を失っているので対称的である．さらに，R が反射的で推移的であることは明らかである．

集合 A 上の 2 項関係 R が反射的，推移的かつ反対称的であれば，R は**順序**(order) または**半順序**(partial order) とよばれる．また，集合 A と順序関係 R のペア (A, R) を**順序集合**(ordered set) または**半順序集合**(**p**artially **o**rdered **s**et, あるいは短くして poset) という．順序関係を小なりイコール ($\leq$) で示すと便利である．A のすべての 2 要素 a と b に対し，$a \leq b$ または $b \leq a$ であるとき，この順序関係は**全順序**(total order) または**線形順序**(linear order) といわれる．さらに，ペア (A, R) は**全順序集合**(totally ordered set) といわれる．

集合 A のべき集合 2^A 上の 2 項関係 R を包含関係 $\subseteq$ にとると，包含関係 $\subseteq$ は反射的かつ推移的かつ反対称的であるので，ペア $(2^A, \subseteq)$ は順序集合である．しかし，いま，$A = \{1, 2, 3\}$ のべき集合

$$2^A = \{\emptyset, \{1\}, \{2\}, \{3\}, \{1,2\}, \{1,3\}, \{2,3\}, \{1,2,3\}\}$$

を考えると

$$\{1,2\} \not\subseteq \{1,3\}, \qquad \{1,3\} \not\subseteq \{1,2\}$$

なので，$(2^A, \subseteq)$ は全順序集合にはなっていない．

練習問題

1.10 自然数全体の集合 $\mathbf{N}$ 上の関係 R を

$$R = \{(i, i+1) \mid i \in \mathbf{N}\}$$

とする．このとき

$$R^n = \overbrace{R \circ \cdots \circ R}^{n \text{ 回}}$$

を求めよ．さらに
$$R^+ = \bigcup_{n=1}^{\infty} R^n$$
を求めよ．

1.11 次の関係 xRy それぞれに対して，反射的，対称的，推移的関係であるかどうかを述べよ．ただし，(1), (2) では $x, y \in \mathbf{R}$，(3), (4), (5) では $x, y \in \mathbf{N}$ とする．(3) と (4) の mod の意味は 4.4 節をみよ．(5) の gcd は最大公約数の意味である．

(1)　$y = 2x$

(2)　$y = x^2$

(3)　$xy \equiv 1 \pmod{2}$

(4)　$x + y \equiv 0 \pmod{2}$

(5)　$\gcd(x, y) = y$

1.12 R と S は対称的関係で，$R \circ S \subseteq S \circ R$ が成り立つとする．このとき，$R \circ S = S \circ R$ を示せ．

第 2 章　グ ラ フ

2.1　グラフとは

　グラフという用語はさまざまなところで用いられている．例えば，関数 $y = x^2$ のグラフとか，棒グラフや折れ線グラフなどという言葉はよく見かける．しかしながら，グラフ理論のグラフはこれらのグラフとは全く関係がない．グラフ理論の**グラフ**(graph) は点と線からなるものである．グラフの点は**頂点**(vertex) とよばれ，グラフの線は**辺**(edge) または**弧**(arc) といわれる．このグラフに似たものとして，幾何学の図形がある．例えば，図 2.1 の (a) は 4 つの頂点と 4 本の辺をもつグラフを示し，同図の (b) には，やはり 4 つの頂点と 4 本の辺をもつ長方形を描いている．

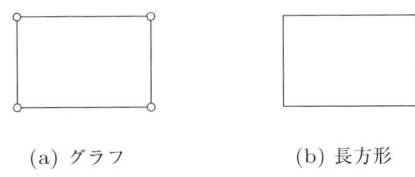

(a) グラフ　　　　　(b) 長方形

図 **2.1**　グラフと長方形

　図 2.2 には，それぞれの図を少しゆがめた図を示している．このとき，両方の図のグラフは同じと考えるが，図形のほうは異なっている．つまり，長方形から平行四辺形に変化している．

　グラフ理論のグラフでは，どの頂点とどの頂点が辺でつながっているか，あるいは，どの頂点とどの頂点が辺でつながっていないかが本質的である．つまり，グラフの頂点や辺がどのような形で表現されようと，それは問題では

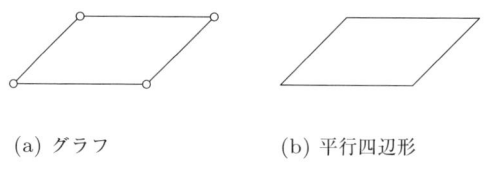

(a) グラフ　　　　　(b) 平行四辺形

図 2.2　グラフと平行四辺形

ない．図 2.1(a) のグラフは以下の図 2.3(a)〜(e) のグラフと同一である．しかしながら，頂点は小円もしくはだ円で示され，辺は直線もしくはシンプルな曲線で示されるのが普通である．

図 2.3(e) のグラフでは辺が交差して描かれているが，辺が交差していること自体には意味がない．実際，他の (a)〜(d) の図のように辺を交差せずに描くこともできるからである．

さらに，名前や番号を用いて，頂点や辺を表すことも多いが，図に示す場合，名前や番号をそれぞれの頂点や辺の近くに書くのが慣例である．より詳しくいえば，名前や番号は頂点を表す小円もしくはだ円および辺を表す直線もしくはシンプルな曲線の近くに書かれる．頂点の場合は小円の中にその名前を書き込むことも多い．図 2.4 にその一例を示す．

グラフは頂点の集合 V とそれらの頂点を結ぶ辺の集合 E のペア (V, E) が与えられると定まるので，グラフ G は記号で

$$G = (V, E)$$

と書かれる．例えば，図 2.4 では，頂点集合は $V = \{v_1, v_2, v_3, v_4\}$，辺集合は $E = \{e_1, e_2, e_3, e_4\}$ となる．ただし，e_1 は v_1 と v_2 を結び，e_2 は v_2 と v_3 を結び，e_3 は v_3 と v_4 を結び，e_4 は v_4 と v_1 を結ぶ．各辺は

$$e_1 = (v_1, v_2), \quad e_2 = (v_2, v_3), \quad e_3 = (v_3, v_4), \quad e_4 = (v_4, v_1),$$

と書かれる．各辺は頂点のペアで表記されるが，ペアの頂点の順序は問題ではない．つまり，$(v_1, v_2) = (v_2, v_1)$ である．一般に，$e_l = (v_i, v_j)$ ならば辺 e_l は頂点 v_i または v_j に**接続している**(incident) といい，頂点 v_i または v_j は辺 e_l に接続しているという．さらに，頂点 v_i と v_j を辺 e_l の**端点**(terminal

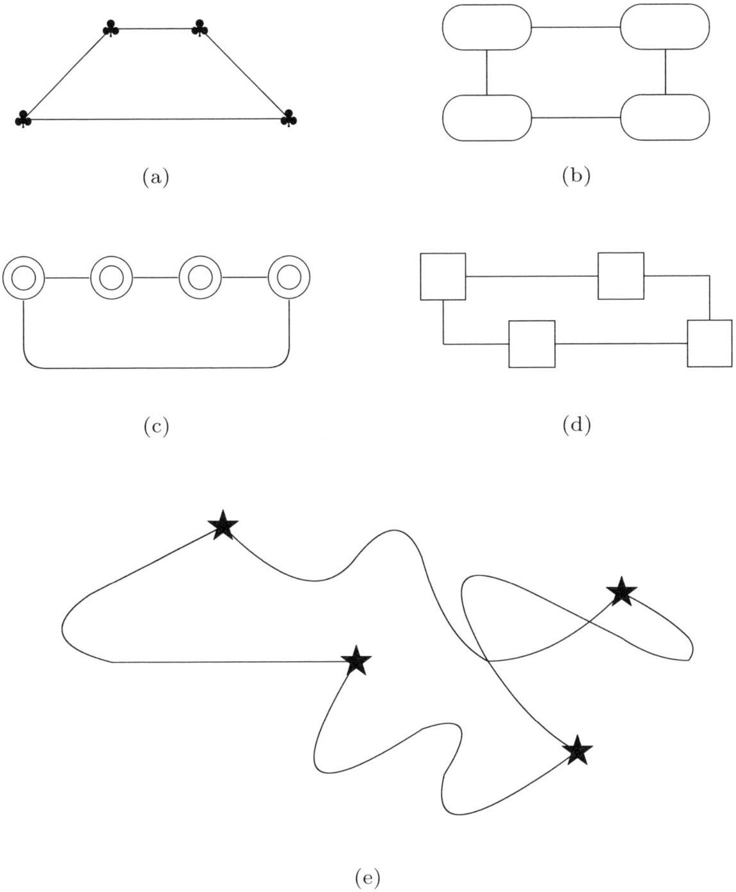

2.1 グラフとは　21

(a)

(b)

(c)

(d)

(e)

図 2.3　同一グラフ

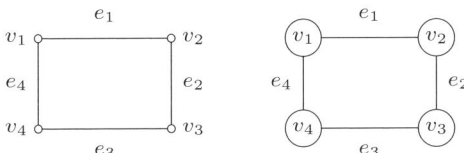

図 2.4　頂点と辺の名前が与えられたグラフ

vertex) とよび，2 頂点 v_i と v_j は**隣接している**(adjacent) といわれる．同様に，2 辺 e_l と e_m がその端点として 1 頂点 v_j を共有するならば，つまり

$$e_l = (v_i, v_j), \qquad e_m = (v_j, v_k)$$

ならば，これらの 2 辺 e_l と e_m は隣接しているといわれる．

同一頂点を両端点とする辺を**ループ**(loop) もしくは**自己ループ**(self-loop) という．2 頂点間に複数の辺が存在するとき，これらの辺を**多重辺**という．ループや多重辺をもたないグラフを**単純グラフ**(simple graph) という．また，頂点の数や辺の数が有限のグラフを**有限グラフ**という．本書で扱うグラフは有限グラフのみであり，基本的には単純グラフを仮定する．

2.2 有向グラフ

グラフには**無向グラフ**(undirected graph) と**有向グラフ**(directed graph) がある．無向グラフはこれまで議論してきたグラフですべての辺に向きがない．一方，有向グラフはすべての辺に向きが存在する．例えば，図 2.5 に示したグラフは有向グラフである．向きのない辺を**無向辺**，向きのある辺を**有**

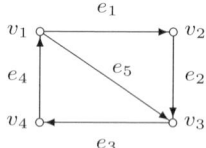

図 **2.5** 有向グラフ

向辺とよぶことがある．頂点 v_i から v_j に向かう辺 e_l は

$$e_l = (v_i, v_j)$$

と書かれる．有向辺に対しては，もちろん

$$(v_i, v_j) \neq (v_j, v_i)$$

である．$e_l = (v_i, v_j)$ のとき，頂点 v_i を**始点**(initial vertex)，頂点 v_j を**終点**(final vertex) とよぶ．また，無向グラフと同様，頂点 v_i と v_j は端点ともよばれる．図 2.5 のグラフでは

$$頂点集合 = \{v_1, v_2, v_3, v_4\}$$
$$辺集合 = \{e_1, e_2, e_3, e_4, e_5\}$$

ただし

$$e_1 = (v_1, v_2), \quad e_2 = (v_2, v_3), \quad e_3 = (v_3, v_4), \quad e_4 = (v_4, v_1), \quad e_5 = (v_1, v_3)$$

である．

　有向グラフでも，始点と終点が同じとなる辺をループあるいは自己ループと定義される．また，複数の辺が同一の始点を共有し，かつ同一の終点を共有するならば，これらの辺は多重辺といわれる．単純グラフの定義も同じで，ループと多重辺をもたないグラフのことである．

　グラフ理論では扱うテーマにより，無向グラフもしくは有向グラフのどちらかがおもに用いられる．グラフの辺の一部が無向辺で他が有向辺のグラフは混合グラフとよばれるが，本書では扱わない．

2.3 経路と閉路と成分

　無向グラフで，隣接する辺の並びを**経路**または**パス**(path) という．例えば，図 2.6 の辺の並び

$$e_1, e_2, e_5, e_{10}, e_{12}, e_{11}$$

は頂点 v_1 と v_7 を結ぶ経路である．もちろん，無向グラフでは辺に向きがないので，この v_1 と v_7 を結ぶ経路は v_7 と v_1 を結ぶ経路でもあるが，しばしば，向きがあるかのような表現が使われる．例えば，v_1 から v_7 への経路という言い方をすることがある．このように，向きを考慮に入れた経路では，経路の出発点を，その経路の**始点**(starting vertex)，到着点を**終点**(ending vertex) とよぶ．

　経路は辺の並びで表現されるだけでなく，訪れる順の頂点の並びで表現さ

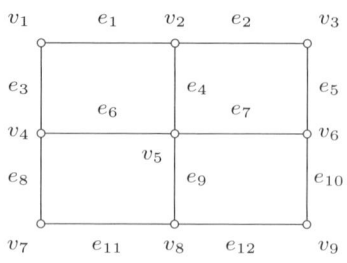

図 2.6 無向グラフ

れることも多い．例えば，先ほどの経路は

$$v_1, v_2, v_3, v_6, v_9, v_8, v_7$$

とも，表現される．

また，経路に含まれる辺の数を経路の**長さ**(length) という．長さは 1 以上である．ただし，特別な場合，頂点 1 つだけで，長さ 0 の経路とすることもたまにある．ループは長さ 1 の経路であり，多重辺は 2 本の辺で長さ 2 の経路を構成することができる．

2 つの経路がどの一辺も共有しなければ**互いに素**(disjoint) という．例えば，次の経路

$$e_1, e_2, e_5, e_{10}, e_{12}, e_{11}$$

および

$$e_3, e_8$$

は頂点 v_1 を始点に，頂点 v_7 を終点とするが，どの辺も共有していないので互いに素である．

長さが正で，経路の始点と終点が同じ頂点であれば，この経路を普通は経路といわないで，**閉路**または**サイクル**(cycle) とよぶ．だから，ループは長さ 1 の閉路であり，2 本の多重辺は長さ 2 の閉路である．ループや多重辺のない単純グラフでは，閉路の長さは 3 以上である．

図 2.6 の辺の並び

$$e_1, e_2, e_5, e_7, e_6, e_3$$

あるいは

$$v_1, v_2, v_3, v_6, v_5, v_4, v_1$$

は頂点 v_1 と v_1 を結ぶ経路であるので，サイクルである．

頂点 v_i と v_j を結ぶ経路が存在するとき，v_i と v_j は**連結**(connected) しているという．グラフ G のどの 2 頂点間にも経路が存在すれば，つまりすべての頂点ペアが連結していれば，このグラフ G を**連結**という．グラフが連結でなければ，そのグラフを**非連結**(disconnected) という．グラフが非連結のとき，グラフは連結したいくつかのかたまりに分解される．このとき，それぞれのかたまりをグラフの**成分**(component) または**連結成分**という．グラフに含まれる成分の数を**成分数**という．便宜上，連結グラフもグラフ全体を 1 つの成分と定義する．単独の頂点は**孤立点**(isolated vertex) とよばれるが，これは 1 つの成分と定義する．図 2.7 に示したグラフは非連結で，3 つの成分をもっている．

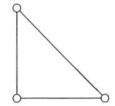

図 **2.7** 非連結グラフの 3 成分

有向グラフの経路の定義は無向グラフの経路の定義とほぼ同じである．有向辺の終点が隣の有向辺の始点となるような辺の並びを経路または有向経路という．例えば，図 2.8 の辺の並び

$$e_1, e_2, e_5, e_{10}, e_{12}, e_{11}$$

は頂点 v_1 から v_7 への経路である．これも，頂点の並びで

$$v_1, v_2, v_3, v_6, v_9, v_8, v_7$$

とも表示される．有向グラフの閉路あるいはサイクルも無向グラフの場合の

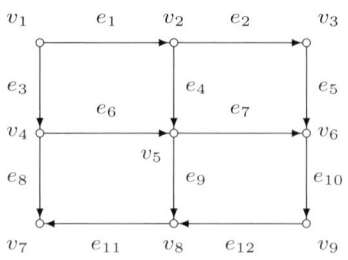

図 2.8 有向グラフ

定義と同じである．つまり，始点と終点が同じ経路のことである．

経路の長さも無向グラフの経路の長さと同じく，経路に含まれる辺の数で定義される．

有向グラフに対する連結，非連結および成分の定義は，有向辺の向きを除去して，つまり各有向辺を無向辺に取り替えた無向グラフ上で定義する．

練習問題

2.1 容積が3リットル，5リットル，8リットルのカラフェがある．はじめは，3リットルと5リットルのカラフェは空っぽで，8リットルのカラフェには満杯のワインが入っている．この3つのカラフェを用いてワインを4リットルと4リットルに分け取るにはどのようにすればよいであろうか．

容積が3リットル，5リットル，8リットルのカラフェにそれぞれ x リットル，y リットル，z リットルずつ入っている状態を頂点 (x, y, z) で表し，可能な状態変化を辺で表すことにより，有向グラフを作れ．同一状態を複数の頂点で表してはいけない．必ず，1つの状態は1つの頂点で表せ．また，グラフを書く練習のため，状態変化は自明なものでも省略せず，すべて記入せよ．最後に，この問題の解を求めよ．

2.2 小船を使い，川の左岸から右岸にオオカミ，羊，キャベツを1人の人間が移動させる問題を考える．小船はオオカミ，羊，キャベツのうち高々1つしか一度に運べない．人間が付いていなければ，オオカミは羊を食べてしまい，羊はキャベツを食べてしまう．川の左岸から，右岸にオオカミ，羊，キャベツを運ぶことは可能であろうか．

人間を P，オオカミを W，羊を S，キャベツを C で表し，小船が左岸または右岸に着いているとき，左岸に存在しているものの集合と右岸に存在しているものの集合のペアを頂点で表す．可能な集合の変化，つまり状態変化を辺で表すことにより，有向グラフを作れ．最初の状態は頂点 $(\{P, W, S, C\}, \emptyset)$ で表され，最後の状態は頂

点 $(\emptyset, \{P, W, S, C\})$ で表される．省略せず，すべての辺を書け．また，どのような運び方をすればよいかを示せ．

2.4 頂点の次数

無向グラフの頂点 v に接続する辺の数を頂点 v の**次数**(degree) といい，記号で $d(v)$ と書く．例えば，図 2.9(a) のグラフでは，頂点 v_1 と v_3 の次数は 3 で，頂点 v_2 と v_4 の次数は 2 である．つまり

$$d(v_1) = d(v_3) = 3, \qquad d(v_2) = d(v_4) = 2$$

である．

有向グラフの頂点の次数は次のように定義される．頂点から出て行く辺の数を，その頂点の**出次数**(outdegree) といい，頂点に入ってくる辺の数を，その頂点の**入次数**(indegree) という．それぞれ，記号では $d^+(v), d^-(v)$ と書かれる．例えば，図 2.9(b) では

$$d^+(v_1) = 2, \quad d^+(v_2) = 1, \quad d^+(v_3) = 1, \quad d^+(v_4) = 1$$
$$d^-(v_1) = 1, \quad d^-(v_2) = 1, \quad d^-(v_3) = 2, \quad d^-(v_4) = 1$$

である．

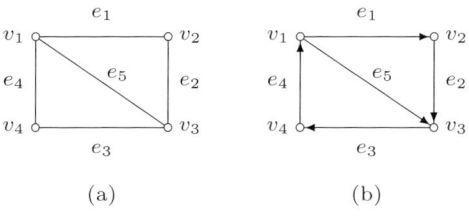

図 2.9　無向グラフと有向グラフ

2.5 部分グラフと完全グラフと 2 部グラフ

グラフ $G = (V, E)$ の辺集合の中からいくつかの辺（要素）を選び，それらで新しい辺集合 E' を構成する．いま，選んだ辺の端点全体プラス頂点集合 V

のいくつかの頂点（要素）で新しい頂点集合 V' を構成する．この辺集合 E' と頂点集合 V' で新しいグラフ $G' = (V', E')$ を構成することができるが，このグラフ $G' = (V', E')$ をもとのグラフ $G = (V, E)$ の**部分グラフ**(subgraph)という．図 2.10 に，グラフ $G = (V, E)$ とその部分グラフ $G' = (V', E')$ を示す．

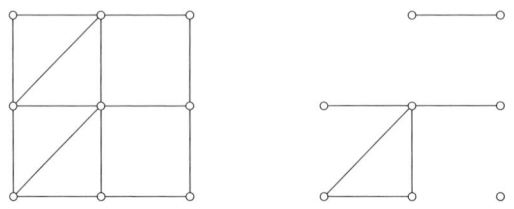

図 2.10 グラフ $G = (V, E)$ とその部分グラフ $G' = (V', E')$

ループと多重辺のない単純無向グラフで，どの 2 頂点のペア間にも辺が存在すれば，そのグラフを**完全グラフ**(complete graph) という．頂点数が n の完全グラフは記号で

$$K_n$$

と書かれる．図 2.11 に K_3 と K_4 を示す．

図 2.11 完全グラフ K_3 と K_4

単純無向グラフ $G = (V, E)$ の頂点集合 V が 2 つの空でない部分集合 S と T に分割されている．つまり

$$V = S \cup T \qquad S \cap T = \emptyset$$

となっている．このとき，このグラフのすべての辺の端点は，一方が S に他方が T に属するとき，このグラフを **2 部グラフ**(bipartite graph) という．

2.5 部分グラフと完全グラフと 2 部グラフ

図 2.12 にその例を示す．この図の (a) と (b) は書き方が違うだけで同じグラフである．

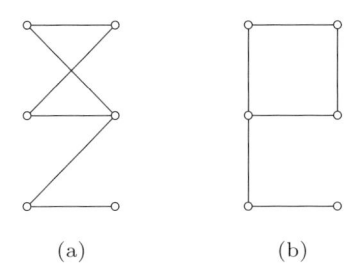

図 2.12 2 部グラフ

さらに，S の頂点と T の頂点のどのペア間にも辺が存在すれば，この 2 部グラフを**完全 2 部グラフ**(complete bipartite graph) とよぶ．S に属する頂点数を m とし，T に属する頂点数を n とすると，完全 2 部グラフは記号で

$$K_{m,n}$$

と書かれる．図 2.13 に完全 2 部グラフ $K_{3,3}$ を示す．

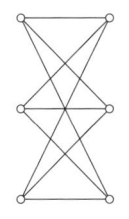

図 2.13 完全 2 部グラフ

特に，完全 2 部グラフで $m = 1$ のとき，つまり，グラフ

$$K_{1,n}$$

は**星グラフ**(star graph) とよばれている．

練習問題

2.3 いかなる無向グラフにおいても，次数が奇数の頂点は偶数個存在することを証明せよ．

2.4 単純無向グラフにおいては異なる 2 頂点 x, y に対して $d(x) = d(y)$ となるペアが必ず存在することを示せ．これは**鳩巣原理**(pigionhole principle)「n 羽の鳩に対し $n-1$ 個の巣しかなければ，少なくとも 1 つの巣には 2 羽以上の鳩がいる」を用いると簡単である．例えば，この原理は，各々がシングルの部屋を希望する 4 人連れの旅行者に対し，空き部屋が 3 つしかなければ相部屋は避けられないことを意味する．また，この原理は**鳩の巣原理**とか**引き出し原理**とも呼ばれている．

2.5 2 部グラフに含まれる閉路の長さは明らかに偶数であるが，逆にグラフに含まれる閉路の長さがすべて偶数ならばそのグラフは 2 部グラフであることを証明せよ．グラフの成分数は 1 と仮定せよ．

ヒント：ある 1 頂点を赤色に塗り，それに隣接する頂点をすべて青色に塗る．さらに，これらの青色の頂点のどれかに隣接する，かつ，まだ色を塗っていない頂点をすべて赤色に塗る．以上の操作を続けるとすべての頂点が赤色か青色に塗り分けられる．仮に，同色間の 2 頂点間に辺が存在していればどうなるかを考えよ．

第3章 木

3.1 木の定義と性質

この節では無向グラフのみを扱う．無向グラフで閉路を含まない連結グラフを**木**(tree) と定義する．単独頂点だけのグラフも木と定義する．非連結グラフの各成分も閉路を含まなければ，その成分は木と定義できる．グラフの木はグラフ理論のなかで非常に重要な内容となっており，多くの研究がこれまでなされてきた．グラフの木はキルヒホッフの電気回路の研究からスタートし，ケーリーにより理論的に大いに発展した．

グラフの木に関する用語はしばしば，その名前から独特のものが使われる．例えば，木の頂点は**節点**(node) とよばれ，辺は**枝**(branch) とよばれることが多い．

ここで，図 3.1 に頂点数が 4 の木を 2 本書いてみる．

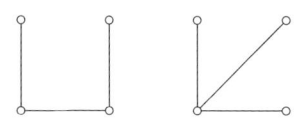

図 **3.1** 木の例

木の定義は「連結」プラス「閉路なし」であったが，木にはいろいろ興味ある特徴がある．以下，これらについて考えてみる．まず，最初に木の辺の数について考えてみる．図 3.1 から類推すると

$$\text{木の辺の数} = \text{木の頂点の数} - 1$$

となるが，これが正しいことを証明してみる．

グラフ T を $n \geq 2$ 個の頂点と $m \geq 1$ 本の辺をもつ木とする．証明したいことは $m = n-1$ である．いま，T の中の 1 本の辺 (a,b) を考える．頂点 a に赤色を塗り，頂点 b に青色を塗る．赤色の頂点に隣接する頂点を順次，赤色に塗って行く．同じく，青色の頂点に隣接する頂点を順次，青色に塗って行く．このとき，どちらの色にも塗られない頂点は存在しない．もし，そのような頂点が存在すれば，木の性質である「連結」に違反する．一方，両方の色に塗られる頂点も存在しない．もし，そのような頂点が存在すれば，木の性質である「閉路なし」に違反する．

この色塗りが終わると，グラフ T の頂点はきれいに 2 色で塗り分けられる．このとき，すべての赤色の頂点をもつ赤色の木 T_red とすべての青色の頂点をもつ青色の木 T_blue が生じる，図 3.2．

赤色の木 T_red 青色の木 T_blue

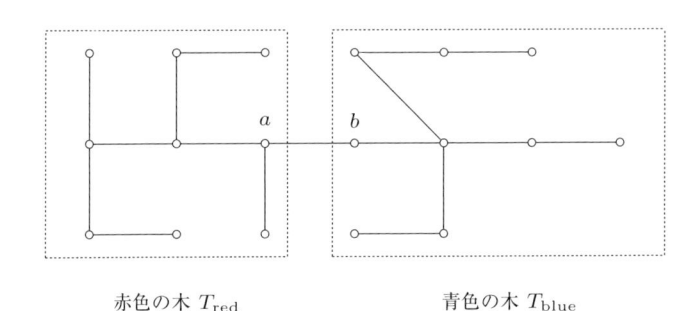

図 3.2 赤色の木と青色の木

ここで，数学的帰納法を用いて証明を行う．証明したい内容は：頂点数が n で辺数が m の木では，$m = n-1$ であった．確かに，頂点数が小さいときは，この命題は成り立っている．頂点 1 つだけならば閉路がないので木と定義したが，$n=1, m=0$ と，この命題が正しいことを示している．さらに，$n=2$ の木では辺は 1 本 ($m=1$) である．$n=3$ や $n=4$ のときも，明らかにこの命題は正しい．しかし，n の値が大きくなると，ちょっと心配である．そこで，n の値をかってな大きな数に設定し，その値で，この命題が正しいことを証明する．そのよりどころとして，証明したい n の値より小さい値では，この命題が正しいと仮定する．

先ほどの図 3.2 に戻って，赤い木の辺の数を m_red とし，頂点の数を n_red とする．また，青い木の辺の数を m_blue とし，頂点の数を n_blue とする．数学的帰納法の仮定より，頂点の数が $n_\text{red} < n$ または $n_\text{blue} < n$ のときわれわれの命題が正しいと仮定できるので，

$$m_\text{red} = n_\text{red} - 1,$$
$$m_\text{blue} = n_\text{blue} - 1$$

となる．最初の木 T の辺全体は赤色の木の辺と青色の木の辺と辺 (a, b) であるので，また，最初の木 T の頂点全体は赤色の木の頂点と青色の木の頂点であるので

$$m = m_\text{red} + m_\text{blue} + 1,$$
$$n = n_\text{red} + n_\text{blue}$$

となる．よって，上記 4 式より

$$\begin{aligned} m &= m_\text{red} + m_\text{blue} + 1 \\ &= (n_\text{red} - 1) + (n_\text{blue} - 1) + 1 \\ &= (n_\text{red} + n_\text{blue}) - 1 \\ &= n - 1 \end{aligned}$$

となり，証明が終了する．

先ほどの証明の中で，最初の木 T から辺 (a, b) を除去すると 2 つの木 T_red と T_blue が生じたが，一般に，除去するとグラフの成分数が増加する辺を **橋**(bridge) とよぶ．

いま，T を $n \geq 2$ 個の頂点と $m \geq 1$ 本の辺をもつ無向な単純グラフとする．このとき，次の命題は同じである．

(1) T は木である．

(2) T は閉路を含まず，$m = n - 1$ である．

(3) T は連結であり，$m = n - 1$ である．

(4) T は連結であり，T のどの辺も橋である．

(5) T の任意の2頂点はちょうど1つの経路で結ばれている．

(6) T は閉路を含まず，T の任意の2頂点を辺で結ぶと，1つの閉路ができる．

練習問題

3.1 n 個の頂点をもつ無向グラフ G が ω 個の成分をもち，各成分が木となっていれば，G は**林**(forest) といわれる．このとき，G の辺の総数は $n - \omega$ であることを証明せよ．

3.2 2つ以上の頂点をもつ木は次数1の頂点を2つ以上もつことを示せ．次数1の頂点を**ペンダント**(pendant) という．
ヒント：すべての頂点の次数の和は辺の総数の2倍である．

3.3 木に関する上記6つの命題が同じであることを示せ．

3.2 全域木と同型グラフ

連結した無向グラフ $G = (V, E)$ が与えられたとき，これの部分グラフ $T = (V, B)$ が木であれば，これを無向グラフ $G = (V, E)$ の**全域木**あるいは**スパニングツリー**(spanning tree) という．最初の連結グラフが木であれば，その最初のグラフが全域木である．最初の連結グラフが木でなけれが，必ず閉路を含む．この閉路に含まれる辺はどれも橋ではない．もし，この閉路の1本の辺を除去したグラフが木ならば，これが全域木である．以下，この操作を繰り返すと，任意の無向グラフにはその全域木が含まれることがわかる．閉路の辺の除去はどの辺でもよいので，全域木は1つとは限らない．連結グラフがいくつの全域木を含むかは難しい問題であるが，完全グラフに含まれる全域木の数に関してはケーリーにより明らかにされた．

図3.3に4つの頂点 v_1, v_2, v_3, v_4 をもつ完全グラフの全域木をすべて示す．頂点数が4のとき，全域木はすべてで16本あるが，これらは2つのタイプに分類することができる．一般に，頂点に名前の付いた2つのグラフに対し，一方のグラフの頂点の名前を適当に変更すれば他方のグラフと同じになるとき，両グラフは**同型な**(isomorphic) グラフという．同型なグラフは構造

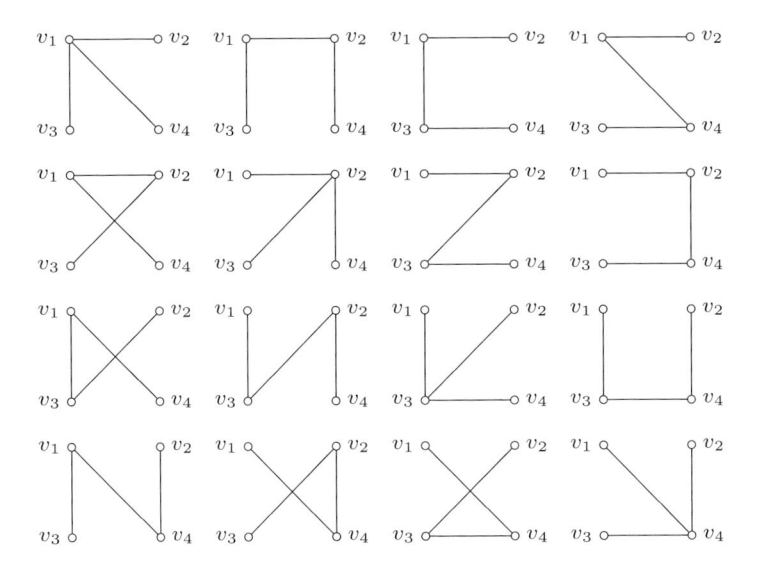

図 3.3 16 個の全域木

が同じといわれ，同一視されることがある．例えば，図 3.3 の一番上の行の左から 2 番目のグラフと 3 番目のグラフは同型なグラフである．実際，左から 2 番目のグラフの頂点を

$$v_1 \longrightarrow v_3, \quad v_2 \longrightarrow v_1, \quad v_3 \longrightarrow v_4, \quad v_4 \longrightarrow v_2$$

または

$$v_1 \longrightarrow v_1, \quad v_2 \longrightarrow v_3, \quad v_3 \longrightarrow v_2, \quad v_4 \longrightarrow v_4$$

と変更すれば，左から 3 番目のグラフと同じになる．

さて，その 2 つのタイプとは図 3.1 の 2 本の木のことである．最初の木と同型なのは 12 本で，後者の木に同型なのは 4 本である．

化学の授業で，H_2O のような分子式を習うが，これは水の分子が 2 つの水素原子と 1 つの酸素原子から構成されていることを表す．これだけでは，どの原子とどの原子が結合しているかがわかりにくいので，それを表すために構造式が用意されている．次の図 3.4 はメタン CH_4 の構造式である．構造

```
        H
        |
    H — C — H
        |
        H
```

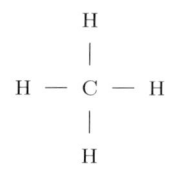

図 3.4 メタンの構造式

式の原子を頂点で表し，原子間の結合を辺で表すと，グラフが構成できる．より詳しくは，単結合を 1 本の辺で，二重結合を 2 本の辺で，三重結合を 3 本の辺で表す必要がある．メタンの構造式をグラフで表すと，図 3.5 が得られる．

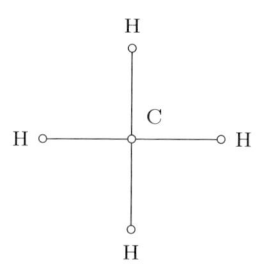

図 3.5 メタンのグラフ

分子の中には分子式が同じであるにもかかわらず，構造式が異なるものもある．つまり，分子の構造が異なり，その性質も異なる．例えば，ブタンとイソブタンの分子式はどちらも C_4H_{10} であるが，構造式は異なっている．両者のグラフを図 3.6 に示す．さらに，沸点に関しても，ブタンの沸点は $-0.5°C$ であるが，イソブタンの沸点は $-12°C$ となっている．このように，分子式が同じであるにもかかわらず，構造が異なる分子を構造異性体という．

化学では 2 つの分子が同じ構造をしているかどうかの判定が重要なときもある．つまり，それぞれの分子の構造体のグラフが同型であるかどうかの判定である．これは重要な問題ではあるが，その判定はグラフが大きくなると，一般には大変難しい．

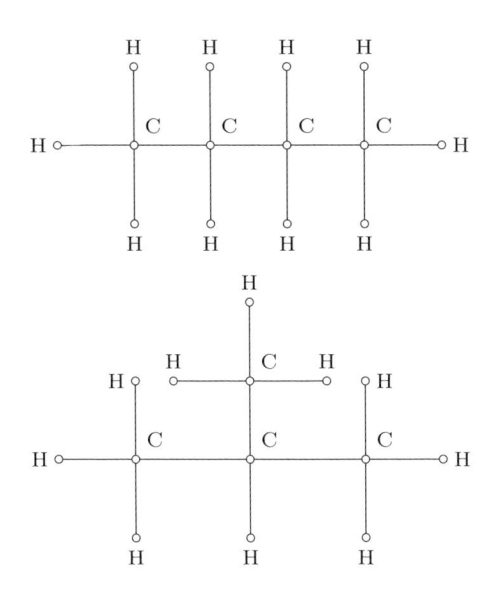

図 3.6 構造異性体：ブタン（上）とイソブタン（下）

3.3 完全グラフの全域木の総数

先に，$n=4$ の場合を述べたが，完全グラフ K_n に含まれる全域木の総数は n^{n-2} であることをケーリーは証明した．ここでは，各全域木を1つの頂点列で表現することを考え，その頂点列の個数を求めることによりケーリーの定理を証明する．

頂点集合 $V=\{1,2,\ldots,n\}$ をもつ完全無向グラフ K_n 上の任意の全域木を $T=(V,B)$ とする．このとき，次の操作により2つの頂点列 $\boldsymbol{s}=(s_1,s_2,\ldots,s_{n-2})$, $\boldsymbol{t}=(t_1,t_2,\ldots,t_{n-2})$ を作る．

T の次数1の最小番号をもつ頂点を s_1 とし，これに隣接する頂点を t_1 とする．頂点 s_1 と辺 (s_1,t_1) を除去したグラフ（記号で $T-s_1$ と書く）の次数1の最小番号をもつ頂点を s_2 とし，これに隣接する頂点を t_2 とする．さらに，グラフ $T-s_1$ から頂点 s_2 と辺 (s_2,t_2) を除去したグラフ $T-s_1-s_2$ の次数1の最小番号をもつ頂点を s_3 とし，これに隣接する頂点を t_3 とする．以下，同様の操作を繰り返して $s_4,t_4,\ldots,s_{n-2},t_{n-2}$ を定めて終わる．

例として

$$V = \{1,2,3,4,5,6,7,8\}$$
$$B = \{(1,2),(2,3),(2,8),(3,4),(4,5),(4,6),(4,7)\}$$

をもつ木 $T = (V, B)$ に対して，2つの頂点列 s, t を求めてみる．その前に，この全域木 T を図 3.7 に示してみる．

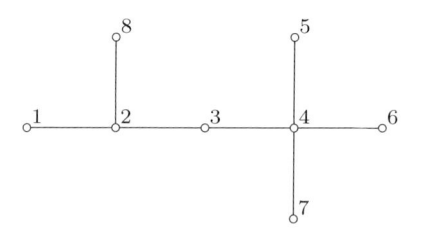

図 3.7 全域木 $T = (V, B)$

T の次数1の頂点（ペンダント）は 1, 5, 6, 7, 8 なので，最小番号をもつ頂点は1となる．この頂点の隣接する頂点は2なので，$s_1 = 1, t_1 = 2$ となる．頂点1と辺 (1,2) を除去すると新しいグラフ $T - s_1$ は次の図 3.8 のようになる．

この図 3.8 より，$s_2 = 5, t_2 = 4$ となる．次の木 $T - s_1 - s_2$ は図 3.9 のようになる．

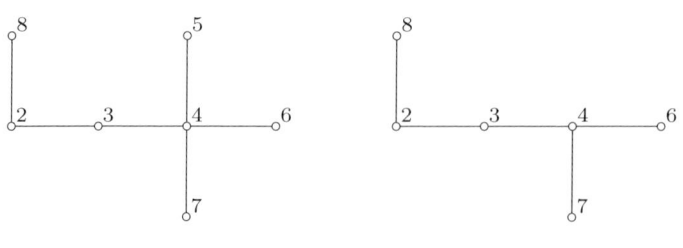

図 3.8 $T - s_1$　　　　**図 3.9** $T - s_1 - s_2$

以下，$s_3 = 6, t_3 = 4, s_4 = 7, t_4 = 4, s_5 = 4, t_5 = 3, s_6 = 3, t_6 = 2$ が順に得られる．最後は，辺 (2,8) のみが残る．

以上のことから，2つの頂点列 $s = (1,5,6,7,4,3)$, $t = (2,4,4,4,3,2)$ が作られる．重要な結果は完全グラフ上の1本の全域木に対し，1つの頂点列 t が構成されることである．

ここで，頂点列 $t = (2,4,4,4,3,2)$ について考えてみる．まず，注意すべきことは，この頂点列の頂点はすべてこの全域木 T の内側の頂点（ペンダントでない頂点）であること，および，いくつかは複数回出現するということである．実際，全域木 T の内側の頂点は 2, 3, 4 であるが，それぞれ 頂点列 $t = (2,4,4,4,3,2)$ では 2 回，1 回，3 回出現している．木の内側の頂点の出現回数は，全域木 T から頂点 8 と辺 (2,8) を除去し，残りのすべての辺に向きを与えて，有向グラフを作ってみると明らかである．辺の向きは除去した頂点 8 以外の各頂点から頂点 2 に向かうようにすればよい．このときの有向グラフを図 3.10 に示す．先ほど生成した 2 つの頂点列 $s = (1,5,6,7,4,3)$，

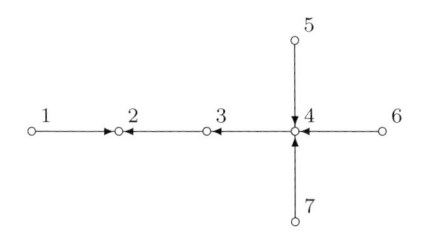

図 3.10 有向グラフ

$t = (2,4,4,4,3,2)$ から，容易にわかるが，この有向グラフのすべての辺は

$$(s_1,t_1),(s_2,t_2),\ldots,(s_6,t_6)$$

すなわち

$$(1,2),(5,4),(6,4),(7,4),(4,3),(3,2)$$

である．このことから頂点列 t の頂点の出現回数はこの有向グラフの頂点の入次数に等しくなる．もしくは，最初の全域木 T の頂点の次数から 1 を引いた値に等しくなる．

さて，1 本の全域木に対し，1 つの頂点列 t が構成されることを述べたが，実は，この逆，つまり，頂点列 t が与えられたとき，全域木 $T = (V,B)$ を構成することが可能であることを次に述べる．

最初に，頂点列 $\bm{t} = (t_1, t_2, \ldots, t_{n-2})$ が与えられたとする．この頂点列の頂点は全部で $n-2$ 個であることから直ちに，頂点の総数が判明し，全域木 $T = (V, B)$ の頂点集合 $V = \{1, 2, \ldots, n\}$ が得られる．頂点列 $\bm{t} = (t_1, t_2, \ldots, t_{n-2})$ に出現する頂点の出現回数は，その頂点の次数マイナス 1 であったことを思い出すと，この頂点列に出現しない頂点は次数 1 をもつ頂点，つまりペンダントのみであることがわかる．頂点列 $\bm{s} = (s_1, s_2, \ldots, s_{n-2})$ の最初の頂点はそのようなペンダントの最小番号の頂点であったので

- s_1 は $V \setminus \{t_1, t_2, \ldots, t_{n-2}\}$ の最小番号の頂点

となる．よって $(s_1, t_1) \in B$ となり 1 本の辺が復元した．

次の頂点 s_2 の発見も上と同じようにして行える．このとき，頂点集合 $V' = V \setminus \{s_1\}$ 上の全域木 $T' = T - s_1$ の復元と考えるとわかりやすい．この全域木 $T' = T - s_1$ から頂点列 $\bm{s}'$ と $\bm{t}'$ を作ると $\bm{s}' = (s_2, \ldots, s_{n-2})$ および $\bm{t}' = (t_2, \ldots, t_{n-2})$ となるはずである．よって，s_2 は $V' \setminus \{t_2, \ldots, t_{n-2}\}$ の最小番号の頂点となる．言い換えれば，

- s_2 は $V \setminus \{s_1, t_2, \ldots, t_{n-2}\}$ の最小番号の頂点

である．明らかに，$(s_2, t_2) \in B$ となりさらに 1 本の辺が復元したことになる．
以下同様に

- s_3 は $V \setminus \{s_1, s_2, t_3, t_4, \ldots, t_{n-2}\}$ の最小番号の頂点
- s_4 は $V \setminus \{s_1, s_2, s_3, t_4, \ldots, t_{n-2}\}$ の最小番号の頂点

$$\vdots$$

- s_{n-2} は $V \setminus \{s_1, s_2, s_3, \ldots, s_{n-3}, t_{n-2}\}$ の最小番号の頂点

となる．よって，$n-2$ 本の辺 $(s_1, t_1), (s_2, t_2), \ldots, (s_{n-2}, t_{n-2})$ および $V \setminus \{s_1, \ldots, s_{n-2}\}$ の 2 頂点を結ぶ 1 辺で全域木 T が得られる．

いま，$(t_1, t_2, t_3, t_4, t_5, t_6) = (2, 4, 4, 4, 3, 2)$ として全域木 T を求めてみる．明らかに，頂点数は 8 で，頂点集合は $V = \{1, 2, \ldots, 8\}$ である．s_1 から s_6 の計算は以下のとおりである．

$$s_1 = \min\{V \setminus \{t_1, t_2, t_3, t_4, t_5, t_6\}\} = \min\{1, 5, 6, 7, 8\} = 1$$

$$s_2 = \min\{V \setminus \{s_1, t_2, t_3, t_4, t_5, t_6\}\} = \min\{5, 6, 7, 8\} = 5$$
$$s_3 = \min\{V \setminus \{s_1, s_2, t_3, t_4, t_5, t_6\}\} = \min\{6, 7, 8\} = 6$$
$$s_4 = \min\{V \setminus \{s_1, s_2, s_3, t_4, t_5, t_6\}\} = \min\{7, 8\} = 7$$
$$s_5 = \min\{V \setminus \{s_1, s_2, s_3, s_4, t_5, t_6\}\} = \min\{4, 8\} = 4$$
$$s_6 = \min\{V \setminus \{s_1, s_2, s_3, s_4, s_5, t_6\}\} = \min\{3, 8\} = 3$$

さらに
$$V \setminus \{s_1, \ldots, s_6\} = \{2, 8\}$$
なので，全域木 T の辺集合 B は
$$B = \{(s_1, t_1), (s_2, t_2), (s_3, t_3), (s_4, t_4), (s_5, t_5), (s_6, t_6), (2, 8)\}$$
$$= \{(1, 2), (5, 4), (6, 4), (7, 4), (4, 3), (3, 2), (2, 8)\}$$
となり，図 3.7 の全域木 T が復元される．

　完全グラフ上の 1 本の全域木に対し，1 つの頂点列 $\boldsymbol{t}$ が構成され，さらに，その頂点列 $\boldsymbol{t}$ よりもとの全域木が復元されることがわかった．よって，完全グラフの全域木の数は異なる頂点列 $\boldsymbol{t}$ の数に等しくなる．ところで，$n = 5$ のとき，頂点列 $\boldsymbol{t} = (t_1, t_2, t_3)$ は異なるものとして以下の 125 個をとる．

$(1,1,1)$	$(1,1,2)$	$(1,1,3)$	$(1,1,4)$	$(1,1,5)$
$(1,2,1)$	$(1,2,2)$	$(1,2,3)$	$(1,2,4)$	$(1,2,5)$
$\vdots$	$\vdots$	$\vdots$	$\vdots$	$\vdots$
$(1,5,1)$	$(1,5,2)$	$(1,5,3)$	$(1,5,4)$	$(1,5,5)$
$(2,1,1)$	$(2,1,2)$	$(2,1,3)$	$(2,1,4)$	$(2,1,5)$
$(2,2,1)$	$(2,2,2)$	$(2,2,3)$	$(2,2,4)$	$(2,2,5)$
$\vdots$	$\vdots$	$\vdots$	$\vdots$	$\vdots$
$(2,5,1)$	$(2,5,2)$	$(2,5,3)$	$(2,5,4)$	$(2,5,5)$
$\vdots$	$\vdots$	$\vdots$	$\vdots$	$\vdots$
$(5,1,1)$	$(5,1,2)$	$(5,1,3)$	$(5,1,4)$	$(5,1,5)$
$(5,2,1)$	$(5,2,2)$	$(5,2,3)$	$(5,2,4)$	$(5,2,5)$
$\vdots$	$\vdots$	$\vdots$	$\vdots$	$\vdots$
$(5,5,1)$	$(5,5,2)$	$(5,5,3)$	$(5,5,4)$	$(5,5,5)$

以上のことより，異なる頂点列 $\bm{t} = (t_1, t_2, \ldots, t_{n-2})$ の総数は

$$\underbrace{n \times n \times \cdots \times n}_{n-2} = n^{n-2}$$

であることがわかる．

ケーリーの定理 n 個の頂点をもつ無向完全グラフ K_n の異なる全域木の総数は n^{n-2} である．

練習問題

3.4 頂点集合 $V = \{1, 2, 3, 4, 5, 6, 7, 8, 9, 10\}$ と辺集合をそれぞれ

$$B_1 = \{(1,4), (2,3), (3,4), (3,7), (4,8), (5,9), (6,7), (8,9), (8,10)\}$$
$$B_2 = \{(1,4), (2,5), (3,4), (4,5), (4,6), (4,7), (5,8), (6,9), (9,10)\}$$
$$B_3 = \{(1,5), (2,6), (3,6), (4,5), (5,6), (5,8), (6,7), (6,9), (6,10)\}$$

とする全域木 $T_1 = (V, B_1)$, $T_2 = (V, B_2)$, $T_3 = (V, B_3)$ を図に示せ．さらに，全域木 $T_1 = (V, B_1)$, $T_2 = (V, B_2)$, $T_3 = (V, B_3)$ に対しそれぞれ頂点列 $\bm{t} = (t_1, t_2, \ldots, t_8)$ を求めよ．

3.5 次の頂点列 $\bm{t} = (t_1, t_2, \ldots, t_8)$ からそれぞれ頂点列 $\bm{s} = (s_1, s_2, \ldots, s_8)$ を求め，それぞれの表す全域木を図に示せ．

$$(t_1, t_2, \ldots, t_8) = (5, 8, 7, 3, 5, 7, 5, 2)$$
$$(t_1, t_2, \ldots, t_8) = (7, 7, 7, 4, 1, 3, 7, 4)$$
$$(t_1, t_2, \ldots, t_8) = (1, 2, 3, 4, 4, 3, 2, 1)$$

3.6 無向完全グラフ K_5 の異なる全域木 125 個をすべて図に示せ．

第4章 正則グラフ

4.1 無向正則グラフ

　無向グラフに対し，すべての頂点の次数が等しいときこのグラフは**正規グラフ**もしくは**正則グラフ**(regular graph) という．すべての頂点の次数が正の整数 k ならば，**k-正則**(k-regular) という．完全グラフ K_n は $(n-1)$-正則グラフで，完全 2 部グラフ $K_{n,n}$ は n-正則グラフである．正則グラフには有名なグラフが多い．例えば，次の図 4.1 のグラフは**ピーターセングラフ**(Petersen graph) として知られている．

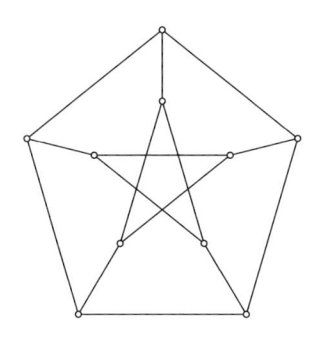

図 4.1　ピーターセングラフ

4.2 超立方体グラフ

　幾何学で扱うところの立方体の頂点をグラフの頂点とみなし，立方体の辺をグラフの辺とみなすと，図 4.2 に示した**立方体グラフ**(cube) が得られる．

もちろん，立方体グラフは正則グラフであり，記号で

$$Q_3$$

と書かれる．

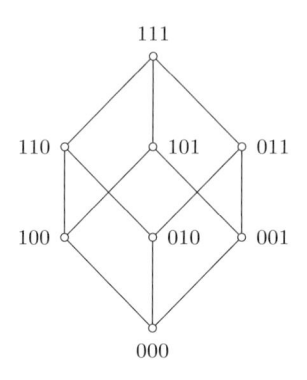

図 4.2 立方体グラフ Q_3

図 4.2 の頂点は 2 進数で表現されている．ついでながら，2 進数の各桁の数字 (binary digit) は 0 または 1 であるが，ここから情報量の最小単位を**ビット**(bit<**b**inary+dig**it**) という．だから，1 ビットは 2 進数のひと桁に相当する．頂点は 3 ビットの数字 000 から 111 までの 8 つの数字

000　001　010　011　100　101　110　111

を用いて表現されている．この 8 つの数字を名前にもつ頂点間に辺が存在するのは，3 ビットの各数字が 1 つを除きすべて同じときである．例えば 100 の頂点は 101, 110, 000 の各頂点と隣接している．

図 4.2 は図 4.3 のように書くこともできる．

図 4.2 の頂点の名前を

$$111 \longleftrightarrow \{a,b,c\}, \quad 110 \longleftrightarrow \{a,b\},$$
$$101 \longleftrightarrow \{a,c\}, \quad 011 \longleftrightarrow \{b,c\},$$
$$100 \longleftrightarrow \{a\}, \quad 010 \longleftrightarrow \{b\},$$
$$001 \longleftrightarrow \{c\}, \quad 000 \longleftrightarrow \{\}$$

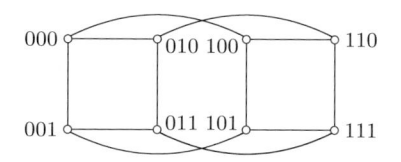

図 4.3 立方体グラフ Q_3

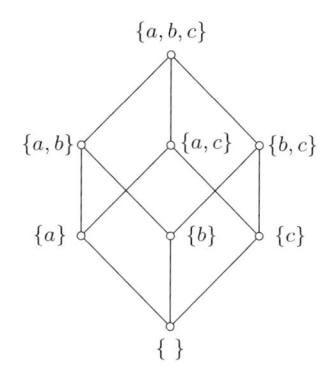

図 4.4 ハッセ図

と置き換えた図 4.4 もよく目にする．この図 4.4 は**ハッセ図**(Hasse diagram) という名前でよく知られている．

立方体グラフ Q_3 は容易に任意の次元に拡張ができる．これを**超立方体グラフ**(hypercube) といい，次元が $n \geq 4$ のとき，記号で

$$Q_n$$

と書く．

便宜上，Q_2 は 4 頂点 00, 01, 10, 11 と 4 辺 (00,01), (01,11), (11,10), (10,00) をもつ正方形グラフ，Q_1 は 2 頂点 0, 1 と 1 辺 (0,1) をもつグラフとする．

超立方体グラフ Q_n の各頂点の次数は n であり，頂点数は 2^n，辺数は $n \times 2^{n-1}$ である．さらに，超立方体グラフ Q_n は各 2 つの部分グラフ Q_{n-1} に分解できる．

いま，$n = 4$ の場合を考える．頂点は 4 ビットの数字

0000　0001　0010　0011　0100　0101　0110　0111
1000　1001　1010　1011　1100　1101　1110　1111

を頂点とし，1つのビットを除けばすべてのビットが等しい頂点間に辺を与える．このグラフを図 4.5 に示す．

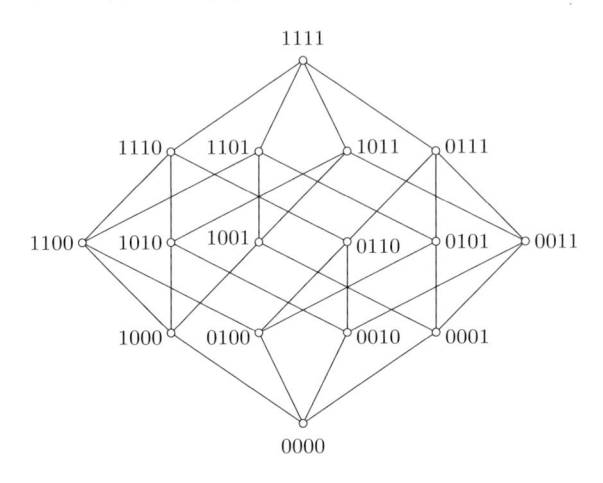

図 4.5　超立方体グラフ Q_4

この超立方体グラフ Q_4 の左から 2 番目のビットに 1 をもつ頂点を黒色に塗り，左から 2 番目のビットに 0 をもつ頂点を白色に塗ると図 4.6 が得られる．容易にわかるが，黒色の頂点と黒色の頂点間の辺全体で立方体グラフ Q_3 を構成し，同時に，白色の頂点と白色の頂点間の辺全体でも立方体グラフ Q_3 を構成していることがわかる．実のところ，どのビットに関して頂点を色分けしても立方体グラフ Q_3 を 2 つ，部分グラフとして含んでいる．このことは，超立方体グラフ Q_4 を別なふうに描けば理解しやすい．図 4.7 は真ん中の点線の上下に頂点に名前を付けた立方体グラフ Q_3 を全く同じように 2 つ描き，上下の立方体グラフの同一名の頂点をそれぞれ辺で隣接させている．さらに，頂点の名前は変更され，新しい名前が付けられている．名前の変更は点線より上の部分は 0 のビットを決められた同一の場所に挿入し，点線より下の部分は 1 のビットをやはり同じ場所に挿入する．この図 4.7 は左から 2 番目の位置に挿入している．もちろん，挿入場所はどこでもよく，図 4.8 は一番左端に，点線より上の部分は 0 のビットを，点線より下の部分は 1 の

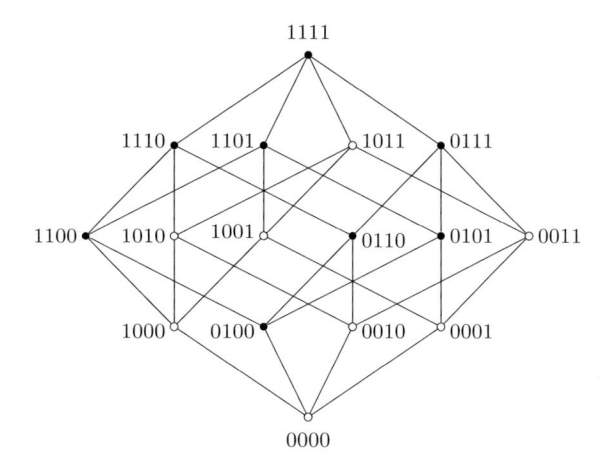

図 4.6 超立方体グラフ Q_4

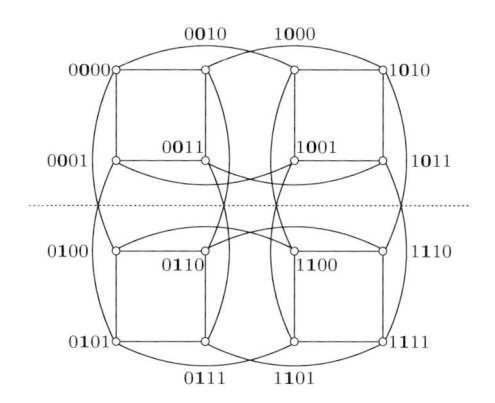

図 4.7 超立方体グラフ Q_4

ビットを挿入している．このことは，n 次元の超立方体グラフ Q_n の簡単な描き方を示唆している．つまり，2 つの Q_{n-1} を上下，あるいは左右に並べ，同一頂点どうしをすべて辺で結べばよい．

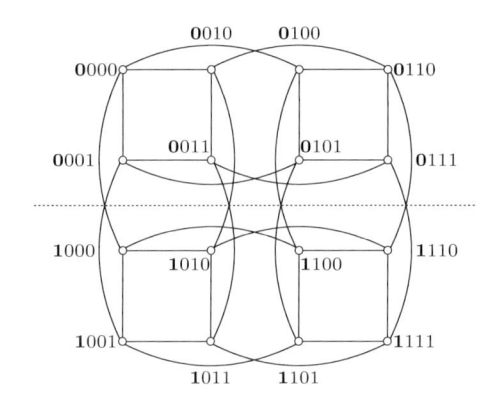

figure 4.8 超立方体グラフ Q_4

練習問題

4.1 n 次元の超立方体グラフ Q_n の辺の総数が $n \times 2^{n-1}$ であることを示せ．

4.2 5 次元の超立方体グラフ Q_5 を図に書け．

4.3 Q_4 から頂点 1010 と，これに接続するすべての辺を除去し，さらに，頂点 0001 と，これに接続するすべての辺を除去する．このとき生じるグラフは Q_3 を含んでいる．つまり Q_3 が部分グラフとなっていることを確かめよ．
ヒント：1 つの頂点に隣接するすべての頂点はその最初の頂点とビットの値が 1 つだけ異なる．また，頂点と辺の削除は図 4.7 で行えばよい．

4.4 Q_4 が部分グラフとして Q_3 を 1 つも含まないようにするため，2 つの頂点とそれらに接続する辺をすべて削除する．どのような 2 頂点を選択すればよいのか．
ヒント：n ビットの数字の各ビットの値 0 と 1 を反転させるともう 1 つ n ビットの数字ができるが，これを **1 の補数**(complement of 1) という．例えば，0100 と 1011 は互いに 1 の補数である．

4.5 Q_4 が部分グラフとして Q_2 を 1 つも含まないようにするため，いくつかの頂点とそれらに接続する辺をすべて削除する．除去すべき頂点の最小数を求めよ．さらに，それらの頂点の一組を求めよ．
ヒント：k 個の頂点，つまり，k 個の 4 ビットの数字を考える．この 4 ビットから，任意の 2 つのビットを選ぶと，k 個の 2 ビットの数字ができる．これら k 個の数字の中に 00, 01, 10, 11 がすべて含まれている必要がある．これは 4 頂点では不可能である．

4.3 グラフの直径

　無向グラフや有向グラフにかかわらず，経路の長さはその経路に含まれる辺の総数で定義されている．向きを考慮に入れると，経路の始点と終点が定まる．しかしながら，始点から終点までの経路は必ずしも1つに定まるとは限らない．このとき，始点から終点までの経路の中で長さの最も短いものを**最短経路**(shortest path) とよんでいる．かってに定められた頂点から他の頂点までには必ずしも経路が存在するとは限らない．また，経路が存在する場合，最短経路の長さはただ1つに定まるが，最短経路そのものは複数存在することもある．最短経路の長さをその始点 v_i から終点 v_j までの**距離**(distance) といい，記号で $d_{v_i v_j}$ と書く．頂点 v_i から頂点 v_j にいたる経路が存在しない場合，便宜上，その距離を無限大としておく．このような場合でも，頂点 v_i を始点，頂点 v_j を終点ということにしておく．始点も終点も，グラフのどの頂点を選んでもよいので，距離はさまざまな値を取り得る．この最大値をグラフの**直径**(diameter) と定義する．グラフの直径は記号

$$\delta$$

を用いる．

　$d_{v_i v_j}$ を要素とする行列 D を**距離行列**(distance matrix) という．つまり

$$D = \begin{pmatrix} 0 & d_{v_1 v_2} & \cdots & d_{v_1 v_n} \\ d_{v_2 v_1} & 0 & \cdots & d_{v_2 v_n} \\ \vdots & \vdots & \ddots & \vdots \\ d_{v_n v_1} & d_{v_n v_2} & \cdots & 0 \end{pmatrix}$$

である．グラフが無向ならば，D は対称行列となる．いま，図 4.9 の2つの

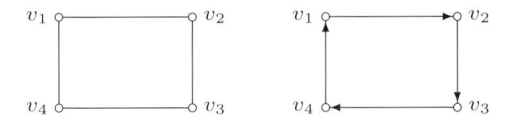

図 **4.9** 直径はそれぞれ 2 と 3

グラフを考えると，左側の無向グラフに対して距離行列は

$$D = \begin{pmatrix} 0 & 1 & 2 & 1 \\ 1 & 0 & 1 & 2 \\ 2 & 1 & 0 & 1 \\ 1 & 2 & 1 & 0 \end{pmatrix}$$

となり右側の有向グラフに対して距離行列は

$$D = \begin{pmatrix} 0 & 1 & 2 & 3 \\ 3 & 0 & 1 & 2 \\ 2 & 3 & 0 & 1 \\ 1 & 2 & 3 & 0 \end{pmatrix}$$

となる．直径は各距離行列の要素の最大値なのでそれぞれ 2 と 3 となる．

一般にグラフの直径が小さいということは，グラフの頂点が互いに接近していることを意味する．例えば，頂点がプロセッサを表し，辺がプロセッサ間の結線を表すグラフ上でマルチプロセッサシステムを考える．このシステムを用いて，並列処理を行うとき，プロセッサ間のデータ転送時間はデータの転送される経路の長さ，つまり，経路上のプロセッサの数に比例する．電流の流れるスピードは光りなみなので，結線の実際の長さには実質上依存しない．それよりも，経路上のプロセッサでの入出力および処理時間が重要となってくる．これはインターネット上のデータの流れと同じで，データ転送路上のサーバの数が多いと転送時間が長くなる．このような理由で，マルチプロセッサシステムの設計では直径の小さいグラフを用いるのが好ましい．ただし，グラフの直径が小さいだけがすべてではない．目的にもよるが，直径以外にもさまざまな評価基準がある．

練習問題

4.6 3次元の立方体グラフ Q_3 の距離行列 D を求め，直径が 3 であることを示せ．
　　ヒント：距離行列は

$$D = \begin{pmatrix} & 000 & 001 & 010 & 011 & 100 & 101 & 110 & 111 \\ 000 & & & & & & & & \\ 001 & & & & & & & & \\ 010 & & & & & & & & \\ 011 & & & & & & & & \\ 100 & & & & & & & & \\ 101 & & & & & & & & \\ 110 & & & & & & & & \\ 111 & & & & & & & & \end{pmatrix}$$

の形で表せ.行と列の表す頂点はその 3 ビットの数字で示されている.

4.7 n 次元の超立方体グラフ Q_n の距離行列 D を求め,直径が n であることを示せ.
ヒント:グラフの頂点には本文でのように n ビットの数字が与えられているとする.頂点のもつビットの値が 1 つだけ異なる頂点は必ず隣接している.だから,2 頂点間の距離はそれぞれのもつビットの値の異なる数に等しくなる.この数を**ハミング距離**(Hamming distance) という.

例えば,0100 と 1010 のハミング距離は 3 か所のビットの値が異なるので 3 である.だから,最も離れた頂点のペアはすべてのビットの値が異なる.つまり,互いに 1 の補数となるビットの値をもつ頂点ペアである.

4.4 有向正則グラフ

無向グラフの場合とよく似ているが,すべての頂点の入次数と出次数が等しい有向グラフを**正則グラフ**(regular graph) という.ここでは,構造の簡単なコーダルリング (chordal ring) という正則グラフを図に書いてみる.さらに,このグラフの直径も調べてみる.頂点の集合を

$$V = \{0, 1, 2, 3, 4\}$$

とする.この頂点の番号は 1 からでなく 0 から始まっている.有向辺の集合は

$$E = \{(0,1), (1,2), (2,3), (3,4), (4,0), (0,3), (3,1), (1,4), (4,2), (2,0)\}$$

とする.すべての頂点の入次数と出次数は 2 となる.このグラフを書いてみると図 4.10 のようになる.この図を利用して,距離行列を求めてみると

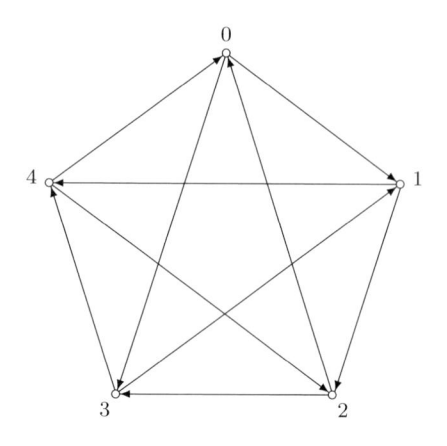

図 4.10　コーダルリング

$$D = \begin{pmatrix} & \mathbf{0} & \mathbf{1} & \mathbf{2} & \mathbf{3} & \mathbf{4} \\ \mathbf{0} & 0 & 1 & 2 & 1 & 2 \\ \mathbf{1} & 2 & 0 & 1 & 2 & 1 \\ \mathbf{2} & 1 & 2 & 0 & 1 & 2 \\ \mathbf{3} & 2 & 1 & 2 & 0 & 1 \\ \mathbf{4} & 1 & 2 & 1 & 2 & 0 \end{pmatrix}$$

となる．ここで，行列 D の左側と上側に太字の数字が記入されているが，これらはグラフの頂点番号を表している．これより，このグラフの直径は 2 となる．この距離行列の各行が

$$01212 \longrightarrow 20121 \longrightarrow 12012 \longrightarrow 21201 \longrightarrow 12120$$

と順に，右端の数字 1 つが左端に移動されていることに気がつく．つまり，周期性がある．図 4.10 に描かれたグラフを，幾何学の図形のように考えて，その 5 角形の真ん中を中心として時計方向または反時計方向に 72° ずつ回転させるともとの図形とピッタリと重なる．上記の周期性が生じるのはこのためである．だから，このグラフの直径は，距離行列の 1 つの行のみを求めればよい．

上記のコーダルリングの頂点数を増やしてみる．頂点の集合を

$$V = \{0, 1, \ldots, n-1\}$$

とする．s を正の整数として辺の集合を

$$E = \{\,(x,y) \mid y \equiv x+1 \pmod{n}\,\} \cup \{\,(x,y) \mid y \equiv x+s \pmod{n}\,\}$$

とする．ここで，x と y は頂点の番号である．また，$s = 2, 3, \ldots, n-1$ とする．

ここで，mod n の記号について説明する．簡単のため，$n = 5$ のときを考える．いま，0 以上の整数を

$$\begin{array}{ccccc}
0 & 1 & 2 & 3 & 4 \\
5 & 6 & 7 & 8 & 9 \\
10 & 11 & 12 & 13 & 14 \\
15 & 16 & 17 & 18 & 19 \\
20 & 21 & 22 & 23 & 24 \\
25 & 26 & 27 & 28 & 29 \\
\vdots & \vdots & \vdots & \vdots & \vdots
\end{array}$$

と並べてみる．0 からスタートし順に 4 まで，5 個の数字を横に書き，次の行に 5 から 9 まで，その次の行に 10 から 14 まで，5 個の数字を横に並べる．その続きも同じように並べる．つまり，周期 5 で整数を並べる．一般には周期 n で整数を並べる．このとき，縦の数字はすべて一番上の行の数字と同じタイプの数字と考えることにする．だから，6 と 1 は同じタイプの数字と考える．このとき，記号で

$$6 \equiv 1 \pmod{5}$$

と書く．これは**合同式**(congruence) とよばれ，整数 6 と 1 は 5 を**法**(modulo) として**合同**(congruent) といわれる．

辺の集合の前半 $\{\,(x,y) \mid y \equiv x+1 \pmod{5}\,\}$ は $x = 0$ のとき $y = 1$，$x = 1$ のとき $y = 2$，$x = 2$ のとき $y = 3$，$x = 3$ のとき $y = 4$，$x = 4$ のとき $y = 0$ となることを意味する．つまり

$$\{\,(x,y) \mid y \equiv x+1 \pmod{5}\,\} = \{(0,1), (1,2), (2,3), (3,4), (4,0)\}$$

となる．辺の集合の後半 $\{(x,y) \mid y \equiv x+s \pmod{5}\}$ は，例えば，$s=3$ に設定して，$x=0$ のとき $y=3$, $x=1$ のとき $y=4$, $x=2$ のとき $y=0$, $x=3$ のとき $y=1$, $x=4$ のとき $y=2$ となることを意味する．つまり

$$\{(x,y) \mid y \equiv x+3 \pmod{5}\} = \{(0,3),(1,4),(2,0),(3,1),(4,2)\}$$

となる．結局のところ，$n=5, s=3$ でのコーダルリングは以前に書いた図 4.10 となる．

グラフの図を書くとき，mod n の計算を考えるより，図 4.11 のように，時計回りに頂点番号を追加してから $y=x+1, y=x+s$ という普通の足し算をして各辺を求めるほうが便利である．

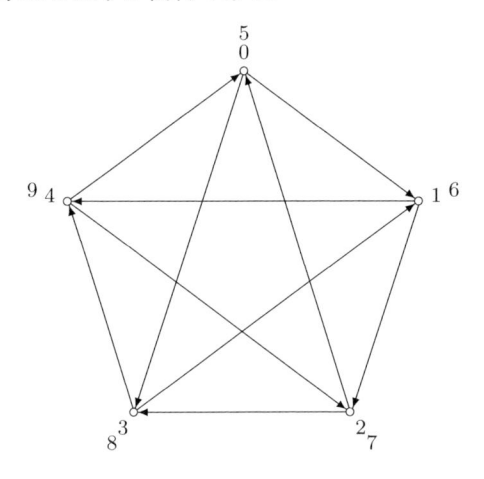

図 4.11 頂点番号を時計回りに追加

練習問題

4.8 $n=7, s=3$ としたコーダルリングの図を書き，その直径を求めよ．

4.9 $n=8, s=2,3,\ldots,7$ としたコーダルリングの図を 6 つ書き，それぞれの直径を求めよ．

もう 1 つ，有向グラフのなかで正則グラフとなるグラフを紹介する．このグラフは多重辺をもたないが，ループはもつことがある．頂点の集合を

4.4 有向正則グラフ

$$V = \{0, 1, 2, 3, 4\}$$

とする．この頂点の番号も1からでなく0から始まっている．有向辺の集合は

$$E = \{(0,4), (0,3), (1,2), (1,1), (2,0), (2,4), (3,3), (3,2), (4,1), (4,0)\}$$

とする．ループも考慮に入れると，すべての頂点の入次数と出次数は2となる．このグラフを書いてみると図 4.12 のようになる．この図 4.12 を利用し

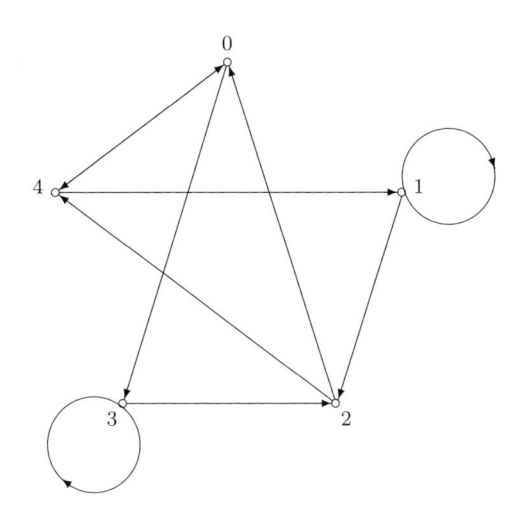

図 4.12 ループをもつ正則グラフ

て，距離行列を求めてみると

$$D = \begin{array}{c} \\ \mathbf{0} \\ \mathbf{1} \\ \mathbf{2} \\ \mathbf{3} \\ \mathbf{4} \end{array} \begin{array}{c} \mathbf{0} \ \mathbf{1} \ \mathbf{2} \ \mathbf{3} \ \mathbf{4} \\ \begin{pmatrix} 0 & 2 & 2 & 1 & 1 \\ 2 & 0 & 1 & 3 & 2 \\ 1 & 2 & 0 & 2 & 1 \\ 2 & 3 & 1 & 0 & 2 \\ 1 & 1 & 2 & 2 & 0 \end{pmatrix} \end{array}$$

となる．ここで，行列 D の左側と上側の太字の数字はグラフの頂点番号を表している．これより，このグラフの直径は3となる．つまり，頂点1から

3 もしくは頂点 3 から 1 が最も遠く離れている．今度の距離行列には以前のコーダルリングのときに現れた周期性が見られない．しかしながら，この距離行列の真ん中の要素，つまり，3 行 3 列の要素 d_{22} を中心に対称となっている．式で書けば

$$d_{ij} = d_{4-i\,4-j}$$

となっている．下の添字 i,j はもちろん頂点番号である．この理由は図 4.12 に描かれたグラフを，幾何学の図形のように考えて，その 5 角形の頂点 0 と 4 の中点と頂点 2 を結ぶ線分に関して線対称になっているからである．つまり，頂点 0 から他の頂点までの距離の測定は，頂点 4 から他の頂点までの距離の測定と同じとなる．だから，距離行列の 1 行目 02211 を後ろから読めば 4 行目 11220 に等しくなる．もちろん，頂点 1 と 3 に関しても同じである．頂点 2 のみに関しても，前から読んでも後ろから読んでも同じ 12021 を距離行列の 3 行目にもっている．今度の正則グラフの直径の計算では，距離行列の 1 つの行のみを求めればよいというわけにはいかないが，すべての行の計算をする必要はない．

上記の正則グラフの頂点数と辺数を増やしてみる．頂点の集合を

$$V = \{0, 1, \ldots, n-1\}$$

とする．d を 2 以上の正の整数として辺の集合を

$$E = \{\,(x,y) \mid y \equiv -dx - 1 \pmod{n}\,\}$$
$$\cup \{\,(x,y) \mid y \equiv -dx - 2 \pmod{n}\,\}$$
$$\cup \cdots \cup \{\,(x,y) \mid y \equiv -dx - d \pmod{n}\,\}$$

とする．ここで，x と y は頂点の番号である．

ここで，合同式の右辺が負の値になっているが，これは以前の 0 以上の整数の分類分けを拡張しただけである．今回も，$n=5$ のときを考える．以前，0 以上の整数を並べたときと逆順に負の整数を

$$
\begin{array}{ccccc}
\vdots & \vdots & \vdots & \vdots & \vdots \\
-25 & -24 & -23 & -22 & -21 \\
-20 & -19 & -18 & -17 & -16 \\
-15 & -14 & -13 & -12 & -11 \\
-10 & -9 & -8 & -7 & -6 \\
-5 & -4 & -3 & -2 & -1 \\
0 & 1 & 2 & 3 & 4 \\
5 & 6 & 7 & 8 & 9 \\
\vdots & \vdots & \vdots & \vdots & \vdots
\end{array}
$$

と並べてみる．右端の -1 からスタートし左方向に順に -5 まで，5 個の数字を書き，次の上の行に -6 から -10 まで，その次の上の行に -11 から -15 まで，5 個の数字を横に並べる．その続きも同じように並べる．やはり，周期 5 で整数が並んでいる．一般には周期 n で整数を並べるとき，縦の数字はすべて 0　1　2　3　4　$\cdots$　$n-1$ の行の数字と同じタイプの数字と考えることにする．

$n=5, d=2$ のとき，容易に以前に書いた図 4.12 となることがわかる．

以前と同じく，このグラフの図を書くとき，mod n の計算を考えるより，図 4.13 のように，反時計回りに頂点番号を追加してから

$$y = -dx - 1,\ y = -dx - 2,\ \ldots,\ y = -dx - d$$

という普通の計算をして各辺を求めるほうが便利である．

2 つのグラフの図 4.10 と図 4.12 を比較してみると，頂点数と辺数は等しくなっている．しかし，グラフの直径は前者が 2 であるのに対し，後者は 3 となっている．つまり，グラフの直径に関しては前者のほうが小さくなっている．理由は後者のグラフが無駄な 2 本のループを含んでいるからである．しかしながら，実は，この後者のグラフの直径は d を固定したとして，頂点数が大きくなると直径が非常に小さくなることが判明している．そのため，この正則グラフを準直径最小グラフという．

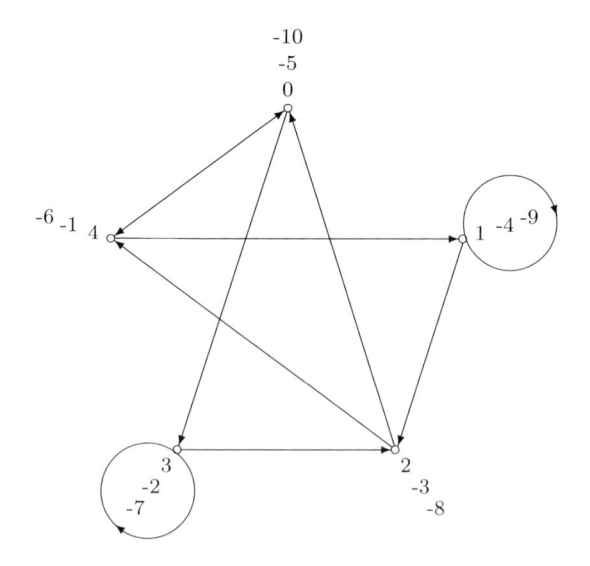

図 4.13 頂点番号を反時計回りに追加

練習問題

4.10 $n = 12, d = 2$ とした準直径最小グラフの図を書き，その直径を求めよ．
ヒント：距離行列を作るとき，対称軸は何本あるかを考えよ．

第5章　オイラーグラフ

5.1　一筆書き

パズルとして一筆書きの問題は有名である．ルールは簡単で，ペンを紙から離すことなく，しかも，同じ線分（または曲線）を通らずに指定された図を書くことである．この図 5.1 は有名な問題である．この図で，線分 BD と

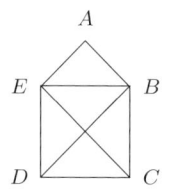

図 5.1　有名な一筆書きの問題

CE は交差しているが，話を簡単にするため，便宜上，交差していないとする．この問題の答えは頂点 D もしくは C からスタートする必要がある．これら以外の頂点からスタートしても一筆書きはできない．頂点 D から始めると

$$D \longrightarrow E \longrightarrow A \longrightarrow B \longrightarrow C \longrightarrow D \longrightarrow B \longrightarrow E \longrightarrow C,$$
$$D \longrightarrow E \longrightarrow A \longrightarrow B \longrightarrow C \longrightarrow E \longrightarrow B \longrightarrow D \longrightarrow C,$$
$$D \longrightarrow E \longrightarrow A \longrightarrow B \longrightarrow D \longrightarrow C \longrightarrow B \longrightarrow E \longrightarrow C,$$
$$D \longrightarrow E \longrightarrow A \longrightarrow B \longrightarrow D \longrightarrow C \longrightarrow E \longrightarrow B \longrightarrow C,$$
$$D \longrightarrow E \longrightarrow A \longrightarrow B \longrightarrow E \longrightarrow C \longrightarrow B \longrightarrow D \longrightarrow C,$$
$$D \longrightarrow E \longrightarrow A \longrightarrow B \longrightarrow E \longrightarrow C \longrightarrow D \longrightarrow B \longrightarrow C$$

など多数の解がある．頂点 A と 2 頂点 C, D の中点を通る直線に関して左右対称なので，頂点 C からスタートしても，同数の解が得られる．これらの解の特徴は頂点 C からスタートすると必ず頂点 D で終わること，および，その逆の頂点 D からスタートすると必ず頂点 C で終わることである．あと，一筆書きの解において，頂点 A は 1 回，B と E は 2 回ずつ，頂点 C と D も 2 回ずつ出現していることである．

先ほどの図 5.1 をグラフで書き直すと図 5.2 が得られる．

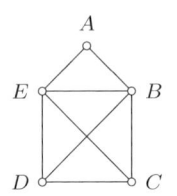

図 5.2 一筆書きの問題のグラフ化

すると，一筆書きの解はグラフの経路となるが，この経路を**オイラー経路**(Eulerian path) とよぶ．一筆書きの解に出現する各頂点の回数はそれぞれの頂点の次数に関係することは明らかである．オイラー経路の始点と終点以外では，一筆書きの解に出現する頂点の回数はその頂点の次数の半分である．オイラー経路の途中の頂点は，その頂点を訪れると同時にその頂点を離れることで 1 回の出現を与え，さらに，すべての辺はちょうど 1 度だけ訪れるからである．始点はスタート時に 1 回とカウントされるので，また，始点も解の途中に出現することもあるので（例えば，先ほどの例では頂点 D は 1 回途中で出現しているので）一筆書きの解に出現する回数は

$$(始点の次数 + 1) \div 2$$

となる．終点に関しても同じである．つまり，始点と終点の次数は奇数で，それら以外の途中の頂点の次数は偶数である．

次のグラフの一筆書きを考えてみる．別な言い方をすれば，次の図 5.3 のグラフがオイラー経路を含むかどうかを判定する．

各頂点の次数を調べてみると

$$d(A) = d(G) = 2,$$

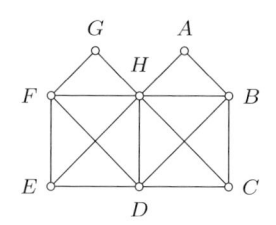

図 5.3 一筆書きの問題（解なし）

$$d(B) = d(F) = 4,$$
$$d(C) = d(E) = 3,$$
$$d(D) = 5,$$
$$d(H) = 7$$

となる．次数が偶数の頂点はオイラー経路の途中の頂点に使えばよいが，次数が奇数の頂点は経路の始点か終点にしか使えない．ところが，次数が奇数の頂点は4つもあるので一筆書きは不可能である．このグラフはオイラー経路を含まない．グラフの辺の数は有限なので，少し時間はかかるがすべての経路を調べてみれば，オイラー経路が存在しないことが確認できる．

一筆書きの問題では，次数が奇数の頂点がいくつあるかが最大のポイントとなる．次数が奇数である頂点の数が奇数ということはあり得ないので，その数は偶数となる．いま見たように，一筆書きが可能であるとき，グラフには次数が奇数の頂点が2個存在する．4つ以上の場合では一筆書きは不可能である．

ここで，一筆書きが可能かどうかの判定を次のようにまとめておく．

一筆書きの判定ルール　多重辺を許す連結無向グラフに対し，一筆書きが可能であるのは

1. グラフに次数が奇数の頂点がちょうど2つあるとき，あるいは
2. グラフのすべての頂点の次数が偶数のときである．

最初のルールでは次数が奇数の頂点が2つあるときで，一方を始点とすれば他方は終点となるオイラー経路で一筆書きができる．実は，一筆書きのパ

ズルはほとんどすべてこのタイプの問題で，この2頂点以外からスタートしても一筆書きはできない．だから，頂点数の多い問題ではほとんどの頂点から一筆書きを始めても失敗してしまう．ポイントは次数が奇数の頂点を見つけることである．

一方，最後のルールは次数が奇数の頂点が存在しない場合で，このときはどの頂点から一筆書きを始めても原理的には成功するはずである．だから，このタイプのグラフは一筆書きのパズルの対象にはなりにくい．次の5頂点の完全グラフ K_5 の一筆書きを試みる．

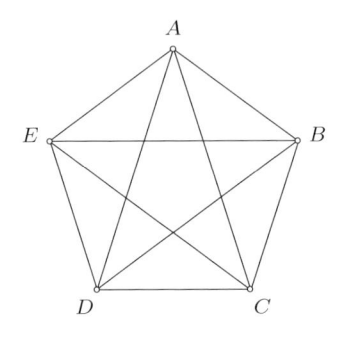

図 **5.4** K_5 の一筆書きの問題

これの解は多数あるが，1つ示すと

$$A \longrightarrow B \longrightarrow C \longrightarrow D \longrightarrow E \longrightarrow A \longrightarrow C \longrightarrow E \longrightarrow B \longrightarrow D \longrightarrow A$$

となる．頂点の次数がすべて偶数のときの一筆書きの解は始点と終点が一致することである．つまり，オイラー経路は閉路となる．この閉路を**オイラー閉路**(Eulerian cycle)といい，オイラー閉路をもつグラフを**オイラーグラフ**(Eulerian graph)という．この完全グラフ K_5 はオイラーグラフである．

ここでは，一筆書きができるかどうかの判定方法を説明したが，いくら一筆書きができるからといっても，うまく描かなければ途中で行き止まりとなり失敗する．そこで，どのように描けば成功するかを次に説明する．

5.2 一筆書きの描き方

以前に書いた図5.2のグラフの辺全体を次の図のように2つに分割してみ

る．分割された両方のグラフの頂点は同じである．

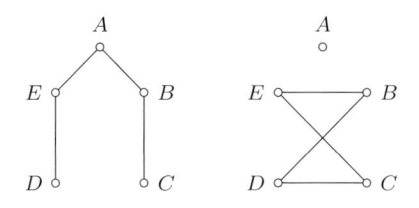

図 5.5 辺全体を分割した 2 つのグラフ

図 5.2 のオリジナルのグラフを $G = (V, E)$ とする．この図 5.5 の左のグラフを G_L と書き，右のグラフを G_R と書く．同じく，左のグラフの辺集合を E_L と書き，右のグラフの辺集合を E_R と書く．両方のグラフの頂点集合はオリジナルのグラフと同じなので，これは V である．だから，左のグラフは $G_L = (V, E_L)$ であり，右のグラフは $G_R = (V, E_R)$ である．このとき，当然のことながら

$$E_L \cup E_R = E \qquad E_L \cap E_R = \emptyset$$

である．ここで辺集合 E は 2 つの集合 E_L, E_R に分割されているが，以前の分割の定義と異なり E_L や E_R が空集合 $\emptyset$ の場合も許している．

オリジナルのグラフが完全グラフであれば，このように辺全体を分割した 2 つのグラフを互いの**補グラフ**(complement) とよぶ．

ここでは，オリジナルのグラフは一筆書きをする対象のグラフとする．また，分割した 2 つのグラフの一方はオイラー経路の一部分，もう少し具体的には，始点から途中の頂点までの経路を表すことにする．便宜上，このオイラー経路の一部分を表すグラフを左のグラフ $G_L = (V, E_L)$ とする．例えば，図 5.2 のグラフのオイラー経路を

$$D \longrightarrow E \longrightarrow A \longrightarrow B \longrightarrow C \longrightarrow D \longrightarrow B \longrightarrow E \longrightarrow C$$

とし，その一部分を

$$D \longrightarrow E \longrightarrow A \longrightarrow B \longrightarrow C$$

とすれば，これを表すグラフはまさに図 5.5 の左のグラフである．つまり，一筆書きではペン先を頂点の次数が奇数の D におきはじめ，順に頂点 E, A,

B, C と巡ってきたところである．次の訪問先の候補は頂点 E もしくは D であるが，この選択が一般の場合は難しい．これに対する答えはフラーリーのアルゴリズムとして知られている．いまの例では，ペン先が頂点 C にあり，次に進むべき辺 $(C, D), (C, E)$ の選択に迷っているのである．このとき，図 5.5 の右のグラフにおいて辺 (C, D) もしくは (C, E) がこの右のグラフの橋になっているかどうかを判定すればよい．橋になっているかどうかは，それぞれの辺をグラフから除去したとき成分数が増えるかどうかで決まる．もちろん，成分数が増えると，その辺は橋である．

フラーリーのアルゴリズム(Fleury's algorithm) は単純で，この辺の選択のとき橋になる辺をできるだけ避けるというものである．この時点では辺 $(C, D), (C, E)$ のどちらも橋にはなっていないので，どちらにペンを進めてもよい．橋はできるだけ避けるだけで使わないということではない．頂点 C の次に D を訪れると，その次の訪問先は B しかないが，この辺 (D, B) は図 5.6 の右のグラフの橋になっている．辺 (D, B) を図 5.6 の右のグラフから除去すると成分数が 2 から 3 に増える．

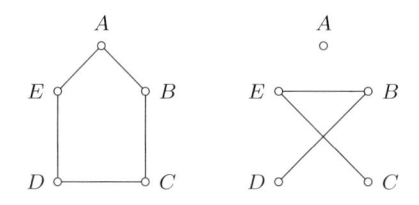

図 5.6 オイラー経路の一部とその残りのグラフ

オイラー経路

$$D \longrightarrow E \longrightarrow A \longrightarrow B \longrightarrow C \longrightarrow D \longrightarrow B \longrightarrow E \longrightarrow C$$

を描く途中に出てくる，辺を分割したグラフのペアを図 5.7 に示す．

以上のことから，一筆書きを描くとき，次に通過する辺の選択は次のようにまとめられる．これは以前に述べたフラーリーのアルゴリズムとして知られている．

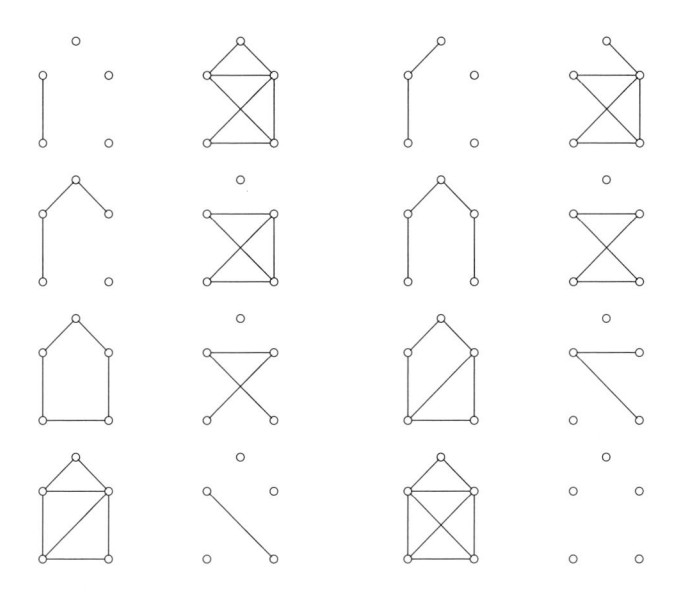

図 **5.7** オイラー経路の描き方

一筆書きの辺の選択ルール　ペン先がおかれている頂点から，どの辺に進むべきかはグラフの辺からこれまで通過した辺をすべて除去したグラフの橋をできるだけ選ばないことである．

練習問題

5.1 図 5.8 は一筆書きができるか？できるならば，フラーリーのアルゴリズムを用いて一筆書きをせよ．

5.2 図 5.9 は一筆書きができるか？できるならば，フラーリーのアルゴリズムを用いて一筆書きをせよ．

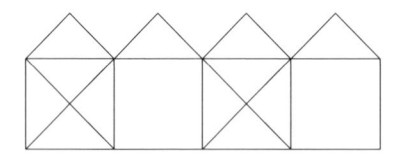

図 5.8　一筆書きの問題

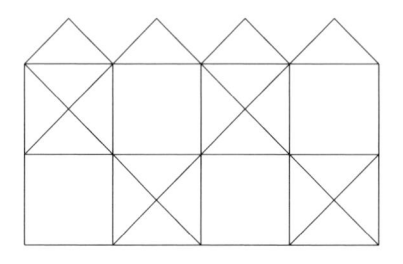

図 5.9　一筆書きの問題

5.3　フラーリーのアルゴリズムの正当性

ここではフラーリーのアルゴリズムが必ず一筆書きに成功することを証明する．

与えられた無向グラフが満足すべき条件は次のとおりである．

- 連結していること，および

- すべての頂点の次数が偶数か，ちょうど2つの頂点の次数だけが奇数のどちらかである．

まず，「すべての頂点の次数が偶数」のケースを考える．グラフを G とし，かってな1つの辺を選択する．この選択された辺を (a,b) とし，グラフ G からこの辺 (a,b) を除去することにより生じるグラフを $G-(a,b)$ とする．すると，このグラフ $G-(a,b)$ は連結していないか，もしくは，連結しているかのどちらかである．前者の場合は成分数が2であり，辺 (a,b) はグラフ G の橋となっている．後者の場合は成分数が1であり，辺 (a,b) はグラフ G の橋となっていない．どちらにしても，グラフ $G-(a,b)$ では，頂点 a と b のみが奇数の次数をもつ．

グラフを $G-(a,b)$ が 2 つの成分である場合を図 5.10 に示す．点線で示した辺 (a,b) は除去されたことを示す．左の成分では頂点 a のみが奇数の次

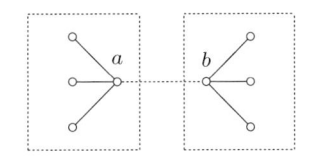

図 5.10 $G-(a,b)$ が 2 成分のとき

数をもち，右の成分では頂点 b のみが奇数の次数をもつ．しかしながら，どんなグラフでも，奇数次数をもつ頂点数はかならず偶数なので，このようなことは起こらない．つまり，グラフ $G-(a,b)$ は連結である．

結局のところ，このグラフ $G-(a,b)$ は連結であり，頂点 a と b の次数のみが奇数となる．だから，グラフ $G-(a,b)$ の一筆書きが成功するかどうかは「ちょうど 2 つの頂点の次数だけが奇数」のケースの一筆書きの成功に依存している．もし，グラフ $G-(a,b)$ の一筆書きが成功するのであれば，頂点 a から b までのオイラー経路が見つかるはずで，もとのグラフ G の一筆書きは，いま見つけた，a から b までのオイラー経路プラス辺 (b,a) となるオイラー閉路で与えられるはずである．よって，証明すべきは「ちょうど 2 つの頂点の次数だけが奇数」のケースのみである．

次に，「ちょうど 2 つの頂点の次数だけが奇数」のケースを考える．このケースでの無向グラフが満足すべき条件は

（ア）連結していること，および

（イ）ちょうど 2 つの頂点の次数だけが奇数となることである．

証明の手段として数学的帰納法を用いる．つまり，与えられたグラフに対して，フラーリーのアルゴリズムが正しく一筆書きの方法を与えることを示すのに，このグラフの一部分を除去したグラフ，つまり，完全な部分グラフ（**真部分グラフ**という）も上記の条件（ア）（イ）を満足するならば，この真部分グラフに対してフラーリーのアルゴリズムが正しく一筆書きの方法を与えると仮定する．

グラフを G とし，次数が奇数の頂点を a と b とする．頂点 a は奇数本の辺と接続しているが，これらの辺の中にグラフ G の橋になっている辺が存在する場合と存在しない場合が考えられる．

橋が存在しない場合，グラフ G から頂点 a に接続している 1 つの辺を (a, a') として，これをグラフ G から除去する．その結果，生じたグラフを $G - (a, a')$ とすると，このグラフは連結で次数が奇数となる頂点は a' と b だけである．なぜならば，グラフ G では頂点 a' の次数は偶数であり，グラフ $G - (a, a')$ では頂点 a の次数は偶数となっているからである．この状況を図 5.11 に示す．ここでも除去された辺は点線で示す．

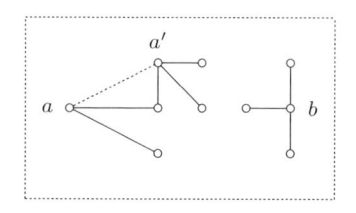

図 5.11 $G - (a, a')$ が連結のとき

数学的帰納法の仮定より真部分グラフ $G - (a, a')$ では頂点 a' から b までの一筆書き（オイラー経路）を正しく与えることができるので，もとのグラフ G では頂点 a からスタートとして，次に頂点 a' を訪れ，それから先ほどのオイラー経路を用いて a' から b まで正しく進むことができる．

橋が存在する場合を考える．ただし，話を簡単にするため，a に接続する橋は 2 本とする．この 2 本の橋を (a, a'), (a, a'') とする．グラフ G から橋 (a, a') を除去したグラフを $G - (a, a')$ と書く．橋を除去したわけであるからこのグラフ $G - (a, a')$ は 2 つの成分をもつグラフである．頂点 a' を含む成分を C' とすると，この成分 C' では頂点 a' の次数は奇数となっているので，成分 C' は奇数次数の頂点 b を含む必要がある．同じように，グラフ G から橋 (a, a'') を除去したグラフ $G - (a, a'')$ は 2 つの成分をもつ．頂点 a'' を含む成分を C'' とすると，成分 C'' では頂点 a'' の次数は奇数となっているので，成分 C'' は頂点 a'' 以外に奇数次数の頂点を奇数個含む必要があるが，グラフ G には次数が奇数の頂点は a と b しかなかったので，これは無理である．よって，頂点 a に接続する 2 本の橋は存在しない．この状況を図 5.12

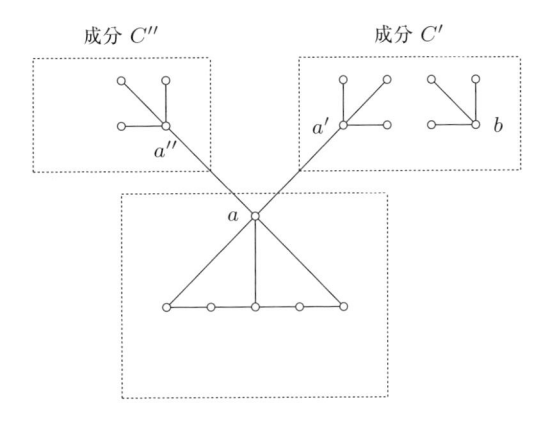

図 5.12 G で (a, a') と (a, a'') が橋のとき

に示す．頂点 a に接続する橋が 3 本以上の場合も同様に議論することができる．以上のことから，頂点 a に接続する橋が存在するとき，それは 1 本のみである．以下，その橋を (a, a') とする．

グラフ G から橋 (a, a') を除去したグラフ $G - (a, a')$ は 2 つの成分をもつが，以前に述べたように，頂点 a' と b を含む成分が C' である．いま，他方の成分を C する．この状況を図 5.13 とする．

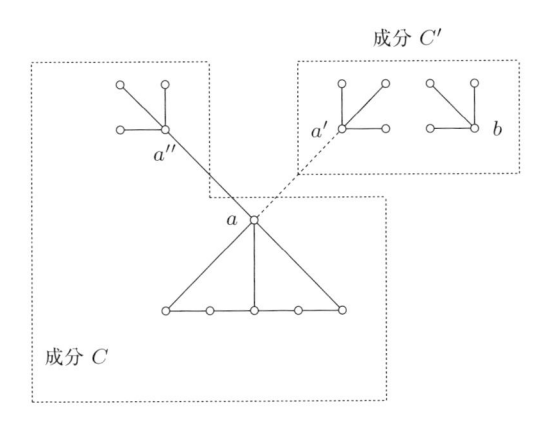

図 5.13 $G - (a, a')$ が 2 成分をもつ

成分 C ではすべての頂点の次数は偶数になっている．以前に説明したように，頂点 a に接続する 1 つの辺を成分 C から削除する．削除する辺を (a, a'') とすると，辺 (a, a'') を削除することにより生じたグラフ $C - (a, a'')$ では，頂点 a と a'' のみが奇数の次数をもつ．グラフ $C - (a, a'')$ はグラフ G の真部分グラフなので，数学的帰納法の仮定より，グラフ $C - (a, a'')$ は一筆書きが可能である．つまり，グラフ $C - (a, a'')$ には頂点 a'' から a までのオイラー経路が存在する．だから，頂点 a からスタートし，次に，隣接する頂点 a'' を訪れ，さきほど見つけた，頂点 a'' から a までのオイラー経路を用いれば，成分 C には頂点 a からスタートし，再び，頂点 a に戻ってくるオイラー閉路が存在する．

他方，成分 C' では，頂点 a' と b のみが奇数の次数をもつので，また，成分 C' はグラフ G の真部分グラフなので，成分 C' には頂点 a' から b までのオイラー経路が存在する．よって，グラフ G では，先ほど見つけた成分 C の a から a 自身までのオイラー閉路，プラス，橋 (a, a')，プラス，成分 C' の a' から b までのオイラー経路からなる，オイラー経路が存在することがいえる．ここで，頂点 a に接続する橋を最後に渡ることに注意すべきである．以上で，フラーリーのアルゴリズムの正当性が証明された．

練習問題

5.3 頂点を 2 つ以上もつ連結無向グラフのすべての頂点の次数が偶数ならば，このグラフは閉路を少なくとも 1 つもつことを示せ．

ヒント：かってな頂点からスタートし，それに隣接する頂点を 1 つ選ぶ．さらに，その頂点に隣接する頂点を 1 つ選ぶ．このプロセスを閉路が発生しないように続けることはできるであろうか？

これの対偶を証明してもよい．つまり，頂点を 2 つ以上もつ連結無向グラフが閉路をもたなければ，つまり，グラフが木ならば，奇数次数の頂点が存在する．

5.4 頂点を 2 つ以上もつ連結無向グラフ G のすべての頂点の次数が偶数とする．このとき，グラフ G がオイラーグラフであることを次のことがらに注意して証明せよ．

1. グラフ G の真部分グラフは G と同じ条件を満足していると，数学的帰納法の仮定としてオイラーグラフと考えてよい．

2. グラフ G に含まれる閉路の 1 つを C とするとき，グラフ G から閉路 C の辺をすべて除去したグラフを $G - C$ と書く．グラフ $G - C$ の頂点の次数はどうなっているか？

3. グラフ $G - C$ は連結グラフとは限らない. つまり, いくつかの成分をもつときがある.
4. グラフ G の一筆書きは, 閉路 C を回りながら, 途中で出会う, グラフ $G - C$ の各連結成分の一筆書きを順次完了して行えばよい.

5.5 頂点を 2 つ以上もつ連結無向グラフ G のすべての頂点の次数が偶数とする. このとき, G の辺集合は互いに素な, つまり, 互いにどの辺も共有しない, 閉路に分割できることを示せ. また, 実際に, 条件を満足する適当なグラフを作り, 互いに素な閉路に分割してみよ.

5.4 グラフ理論のはじまり

　大昔から, 点と線で構成される図を利用して, さまざまなことがらの説明を行っていたことは, 容易に想像できる. 紀元前 6 世紀から紀元前 3 世紀の 300 年間に発展したギリシャの幾何学がその典型であろう. もちろん, 幾何学以外にも, さまざまな用途に利用されてきたはずである. このように考えれば, グラフ理論のはじまりを特定するのは簡単なことではない. しかしながら, 一般には, 現在のグラフ理論のはじまりは, オイラーによる一筆書きの研究とされている. オイラー (1707–1783) はスイス生まれの大数学者である.

　彼の研究した問題は, 川に架かった 7 つの橋をすべて一度だけ通って, 出発地点に戻れるかどうかであった. 現在, ポーランドとリトアニアの間にロシアの飛び地がある. ここのバルト海に面したところにカリーニングラード (Kaliningrad) という都市がある. オイラーがこの地にあった 1730 年代, ここはドイツ領でケーニヒスベルグ (Königsberg) とよばれていた. ここをプレーゲル川がバルト海に向かい流れているが, 川には図 5.14 に示すように七つの橋が架けられている. 当時の町の人々は, この七つの橋をすべて一回だけ渡ってもとの所に戻ってこれるかという問題に大変興味があった. 多くの人々がこの問題にチャレンジしたが, だれも成功することができなかった. そこで, この問題は多分できないものと考えるようになったが, それを証明できる人はいなかったようである. 1736 年オイラーはこの問題に対し考察を行い, 解が存在しないことを証明した. このときのオイラーの研究によりグラフ理論は誕生したとされている. この問題を**ケーニヒスベルグの橋の問題**(Königsberg bridge problem) という.

　図 5.14 に示された状況をグラフで表してみる. プレーゲル川の両岸の陸地

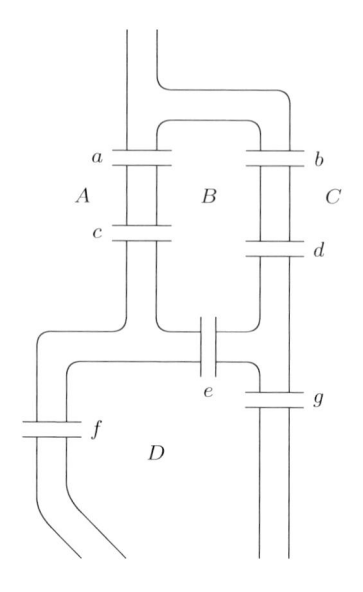

図 5.14 ケーニヒスベルグの 7 つの橋

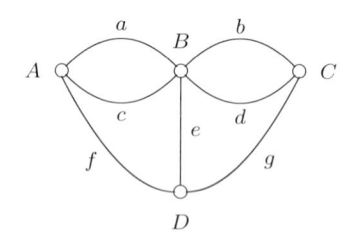

図 5.15 ケーニヒスベルグの 7 つの橋のグラフ

をそれぞれ頂点 A, C とする．プレーゲル川で囲まれた 2 つの島をそれぞれ頂点 B, D とする．川に架かる七つの橋をそれぞれ辺 a, b, c, d, e, f, g とする．このようにしてできたグラフが図 5.15 である．4 個すべての頂点が奇数の次数をもつので，もちろん，これは一筆書きができない．

5.5 有向グラフでのオイラー閉路

ここでは，有向グラフでのオイラー経路，オイラー閉路について，簡単に述べておく．ただし，オイラー経路の終点から始点にいたる辺をもとのグラフに追加すれば，オイラー経路はオイラー閉路になってしまうので，本当は，オイラー閉路のみを考えれば十分である．このことは，有向グラフだけではなく，無向グラフについても成り立つことである．

> **一筆書きの判定ルール**　連結有向グラフに対し，オイラー閉路が存在するための必要十分条件は，グラフの各頂点で入次数＝出次数である．

証明は省略するが，以下の点に注意すればそう難しくはない．

1. この条件が必要であること，つまり，オイラー閉路が存在すれば，グラフの各頂点で入次数＝出次数であることは明らか．

2. 問題は，この条件が十分であること，つまり，グラフの各頂点で入次数＝出次数であるならば，オイラー閉路が存在することである．そのためには

   (a) 頂点数が 2 以上のとき，グラフに有向閉路が存在すること

   (b) グラフからこの有向閉路の辺を除去したグラフの各成分は，もとのグラフの真部分グラフであること，および

   (c) 孤立点を除く，これらの各成分が与えられた条件（入次数＝出次数）を満足すること

   などに注意すればよい．

このオイラー閉路の存在に関する内容より，直ちに，オイラー経路をグラフがもつかどうかの判定が導かれる．

> **一筆書きの判定ルール** 頂点数が2以上の連結有向グラフに対し,オイラー経路が存在するための必要十分条件は
>
> 1. 経路の始点で 出次数 − 入次数 = 1
>
> 2. 経路の終点で 入次数 − 出次数 = 1
>
> 3. グラフの他の各頂点で 入次数 = 出次数
>
> である.

有向グラフでのフラーリーのアルゴリズムも無向グラフの場合と同じである.各辺が橋であるかないかの判定は,各辺の向きを除去した無向グラフで判定すればよい.

練習問題

5.6 頂点を2つ以上もつ連結有向グラフにおいて,k を正の整数として,2頂点 s, t の次数が
  1. $d^+(s) - d^-(s) = k$
  2. $d^-(t) - d^+(t) = k$

を満足し,グラフの他の各頂点で 入次数 = 出次数ならば,頂点 s から頂点 t までの,辺に関して互いに素な経路が合計 k 本存在することを証明せよ.
ヒント:頂点 t を始点に頂点 s を終点にもつ多重辺を k 本グラフに追加せよ.その結果生じるグラフには,オイラー閉路が存在する.そのオイラー閉路は頂点 s から頂点 t を訪れるプロセスを k 回繰り返すはずである.

5.6 一筆書きの応用

一筆書きの応用にはさまざまなものがある.例えば,グラフを道路のネットワークと考え,道路に出されたゴミを効率よく集めるのであれば,グラフのオイラー閉路に従えばよい.収集するだけでなく,牛乳や新聞の配達も同じことである.もちろん,グラフにオイラー閉路が存在しない場合は致し方ない.しかし,そのような場合でも,グラフの辺をうまく多重化し,オイラー

閉路を作り上げることは可能である．多重辺は，物理的には，そこの道路を複数回通過することを意味する．適切な辺の多重化問題は，2回通過する道路を少なくすればよい．ただ，すべて1回だけ通過するのであれば，距離や所用時間などを考慮する必要はないが，そうでないときは，これらを考慮する必要がある．この問題は1962年，中国人数学者管(クヮン)(Kwan)によりはじめて考えられたので**中国郵便配達人問題**(Chinese postman problem) という．

例えば，図5.16は9つの頂点と12本の辺をもつ無向グラフである．辺は

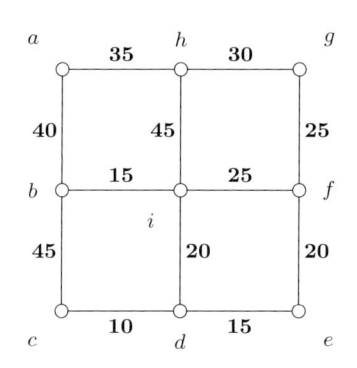

図 5.16 中国郵便配達人問題

配達人が通る道路を表し，頂点は道路と道路の交差点を表す．辺の側の数値は，その両端点の示す交差点間の所用時間を表す．時間の単位は分とする．郵便配達人は頂点 a を出発しすべての辺を少なくとも一回は訪れ，最後にもとの頂点 a に戻ってきたい．だから，最低

$$40 + 45 + 35 + 15 + 10 + 45 + 20 + 30 + 25 + 15 + 25 + 20 = 325 (分)$$

の時間はかかる．しかしながら，頂点 b, h, d, f では次数がすべて奇数なのでオイラー閉路は存在しない．そこで，いくつかの辺は2回通る必要がある．どこを2回通れば，もっとも早く出発点 a に戻れるのであろうか？

オイラー閉路が存在するためには，これら4つの奇数次数をもつ頂点間をペアにして，経路で結ぶ必要がある．このとき，最も少ない所用時間で結ばなければならない．例えば，頂点 b, d を結ぶ経路は所用時間の短い

$$b, i, d \quad \text{所用時間 35 分}$$

でなければならない．これら 4 頂点 b, h, d, f 間の最短所用時間を調べると
図 5.17 のグラフが得られる．

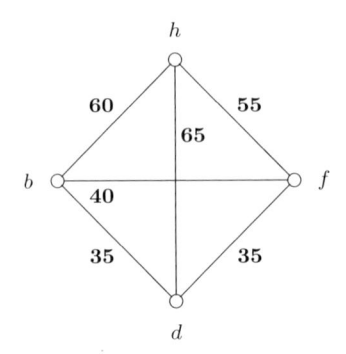

図 5.17 奇数次数の頂点間の最短所用時間

このことから，頂点 b と d が，また，頂点 h と f がそれぞれ経路 b, i, d，h, g, f で結ばれるのが好ましい．よって，4 辺 $(b, i), (i, d), (h, g), (g, f)$ が 2 重化される．このようにして作ったグラフのオイラー閉路が所用時間最小の閉路である．例えば，閉路

$$a, b, c, d, e, f, g, h, g, f, i, d, i, b, i, h, a$$

が中国郵便配達人問題の答えである．その所用時間は

$$40 + 45 + 10 + 15 + 20 + 25 + 30 + 30 + 25 + 25 + 20$$
$$+ 20 + 15 + 15 + 45 + 35 = 415(分)$$

である．この状況を図 5.18 に示す．

次は有向グラフでのオイラー閉路を考える．8 つの 3 ビット数

$$000, 001, 010, 011, 100, 101, 110, 111$$

をそれぞれグラフの頂点とする．a_0, a_1, a_2 をそれぞれ 1 つのビットを表すとする．つまり，$a_i = 0$ または 1 $(i = 0, 1, 2)$ である．すると，上記の 3 ビット数は

$$a_2 a_1 a_0$$

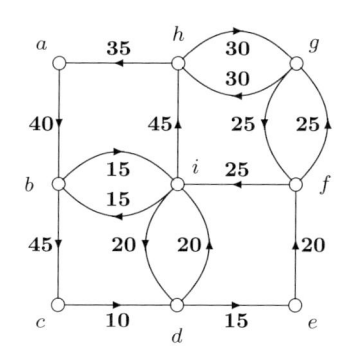

図 5.18 中国郵便配達人問題の答え

と書くことができる．

頂点 $a_2a_1a_0$ を始点とし，2 頂点 a_1a_00, a_1a_01 をそれぞれ終点とする 2 本の有向辺 $a_2a_1a_00, a_2a_1a_01$ を与える．すると，各頂点の入次数と出次数が 2 となる有向正則グラフが得られる．このグラフを図 5.19 に示す．

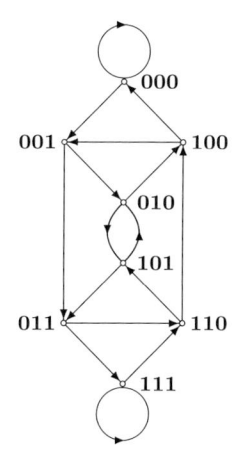

図 5.19 オイラー閉路をもつ正則グラフ

これはオイラー閉路を含むが，その一例を以下に示す．頂点列で

$000, 000, 001, 010, 100, 001, 011, 110, 101, 010,$

$$101, 011, 111, 111, 110, 100, 000$$

あるいは辺列で

0000, 0001, 0010, 0100, 1001, 0011, 0110, 1101, 1010, 0101,

1011, 0111, 1111, 1110, 1100, 1000

となる．これを図 5.20 に示す．オイラー閉路の辺列の順序はイタリック体の数字で示す．

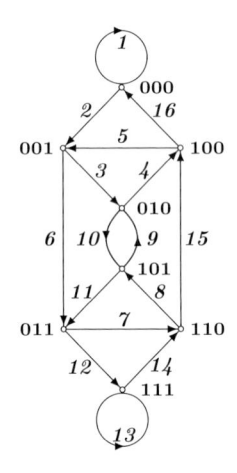

図 **5.20** イタリック体の数字はオイラー閉路の辺の順番を示す

この辺列の 4 ビット数を普通の数字に直すと

0, 1, 2, 4, 9, 3, 6, 13, 10, 5, 11, 7, 15, 14, 12, 8

となり 0 から 15 までの 16 個の異なった数字が得られる．これらの 4 ビット数は，ビット列

0000100110101111

を円周に沿って反時計回りに並べたときに発生する，連続 4 ビット数 16 個である．

```
              0  0  1
           0         1
         0             1
        1              1
       0                0
         0           1
           1      1  0
```

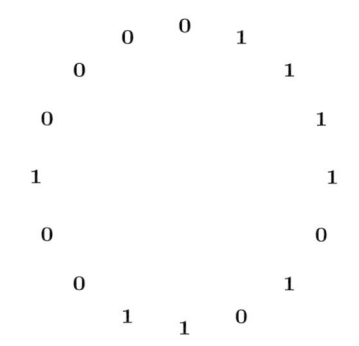

これはコンピュータのディスクの円周を 16 等分したとき，連続する 4 ビットを読み取れば，ディスクがどれだけ回転したかを知ることができる．このことはディスクの円周を 32，64，128，... 等分したときにも容易に拡張することができる．

練習問題

5.7 ディスクの円周を 32 等分し，そのディスクの円周上に 32 ビット列を構成する．連続する 5 ビットを読み込むことによりディスクの回転量を知りたい．ディスクの円周上にどのような 32 ビット列を構成すればよいか？

次の応用は，先ほどの例で最後に構成された 16 ビット列

$$0000100110101111$$

を未知として，これに含まれる 4 ビット列の個数から，未知のビット列を導き出す問題を考える．より現実的にいえば，遺伝情報伝達物質 DNA の塩基配列を求める問題である．

以前に述べたように 4 ビット列は

0000, 0001, 0010, 0100, 1001, 0011, 0110, 1101, 1010, 0101,
　　　　　　　　1011, 0111, 1111, 1110, 1100, 1000

で，全部で 16 個ある．16 ビット列は未知ではあるが，その中に各 4 ビット列がいくつあるかはわかるものと仮定する．例えば，4 ビット列 0010 はそ

の 1 の補数である 1101 を未知の 16 ビット列の中に見つけると，両者が結合し，その結果を知ることができると仮定する．この状況を図 5.21 に示す．

```
            ┌─────────┐
            │ 0 0 1 0 │
            └─────────┘
              ‖ ‖ ‖ ‖
0 0 0 0 1 0 0 1 1 0 1 0 1 1 1 0
```

図 5.21 未知の 16 ビット列と 4 ビット列の結合

未知の 16 ビット列に対し含まれる 4 ビット列とその個数を次の表 5.1 に与える．

表 5.1 4 ビット列とその出現回数

4 ビット列	出現回数	4 ビット列	出現回数	4 ビット列	出現回数
0000	1	0011	1	1011	1
0001	1	0110	1	0111	1
0010	1	1101	1	1110	1
0100	1	1010	1		
1001	1	0101	1		

$a_i = 0$ または 1 $(i = 0, 1, 2)$ すると，これらの 4 ビット列は

$$a_3 a_2 a_1 a_0$$

と書くことができる．これを有向グラフの辺 $a_3 a_2 a_1 a_0$ とし，その始点として頂点 $a_3 a_2 a_1$，その終点として頂点 $a_2 a_1 a_0$ を定義する．すると，頂点 000, 110 以外の頂点の入次数と出次数が 2 となる．頂点 000 は出次数が入次数より 1 大きく，頂点 110 は逆に入次数が出次数より 1 大きい．すると，この有向グラフにはオイラー経路が存在することになる．この状況を図 5.22 に示す．この図 5.22 より，オイラー経路の 1 つを辺列で示すと

0000, 0001, 0010, 0100, 1001, 0011, 0110, 1101, 1010, 0101,

1011, 0111, 1111, 1110

となる．図ではイタリック体の数字でオイラー経路の辺の順序を示す．最初に未知としたビット列

0000100110101110

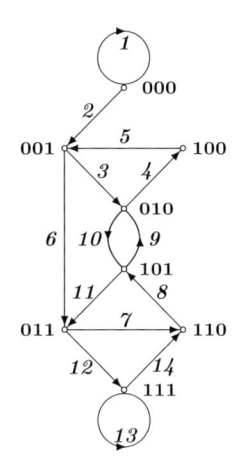

図 5.22　頂点 000 がオイラー経路の始点, 110 が終点

の連続した 4 ビットを，左から順に 1 ビットずつずらしながら求めると，上記の 4 ビット数が順に現れることが理解できる．

練習問題

5.8 ある長さのビット列がある．このビット列は次の表 5.2 に示されたタイプの 4 ビット列がその中に何回出現しているかを示している．この表 5.2 に書かれていないタイプのビット列は含まれていない．もとのビット列を求めよ．

表 5.2　4 ビット列とその出現回数

4 ビット列	出現回数	4 ビット列	出現回数	4 ビット列	出現回数
1100	1	0011	1	1110	1
1000	1	0111	1	1101	1
0001	1	1111	2	1011	1

ヒント：2 回出現するものもあるので，多重辺が出現する．これも考慮に入れると辺はすべて 10 本ある．各 4 ビットの前の 3 ビットと後ろの 3 ビットが頂点を表す．これらのことから，次の図 5.23 が得られる．

5.9 ある長さのビット列がある．このビット列は次の表 5.3 に示されたタイプの 4 ビット列がその中に何回出現しているかを示している．この表 5.3 に書かれていないタ

82   第 5 章 オイラーグラフ

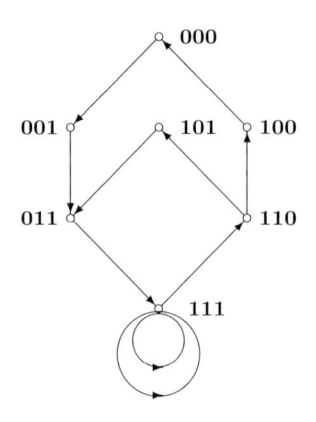

図 5.23 頂点 110 がオイラー経路の始点，011 が終点

表 5.3 4 ビット列とその出現回数

4 ビット列	出現回数	4 ビット列	出現回数	4 ビット列	出現回数
0010	1	1001	1	1110	1
0100	1	1011	4	1111	1
0110	3	1100	1		
0111	1	1101	3		

イプのビット列は含まれていない．もとのビット列を求めよ．
　ヒント：オイラー経路の始点は頂点 101，終点は 100．

　最後に，オイラー経路を利用して，遺伝情報伝達物質 DNA の塩基配列を求める問題を考えてみる．
　1953 年にアメリカのワトソン (Watson) とイギリスのクリック (Crick) が共同で DNA(deoxyribonucleic acid) の二重らせん構造を明らかにしたことは有名である．DNA はアデニン (A)，グアニン (G)，チミン (T)，シトシン (C) とよばれる 4 つの塩基が非常に長くつながった，2 本の鎖を糸のように撚って作られている．この非常に長い 2 本の鎖はなんのルールもなく撚られているのではない．一方の鎖に含まれるアデニン (A) と他方の鎖に含まれるチミン (T) は水素結合によりペアとなっている．同様に，グアニン (G) とシトシン (C) もペアとなっている．つまり，一本の鎖のアデニン (A)，グアニン (G)，チミン (T)，シトシン (C) のつながり方さえわかれば，他方の鎖の

アデニン (A)，グアニン (G)，チミン (T)，シトシン (C) のつながり方がわかるのである．

いま，ある長さに切断された，一本の DNA 鎖のアデニン (A)，グアニン (G)，チミン (T)，シトシン (C) のつながり方，つまり，塩基配列を知りたいとする．そのために，4 塩基をつないだ長さ 4 の DNA 断片

AAAA, AAAG, AAAT, AAAC, AAGA, AAGG,

AAGT, AAGC, AATA, ..., CCCC

を考える．これは全部で $4^4 = 256$ 個ある．塩基配列を知りたい DNA 鎖とこれら 256 個の DNA 断片の間で，先ほどの，アデニン (A) とチミン (T) の水素結合，グアニン (G) とシトシン (C) の水素結合を利用して，DNA 鎖の中にこれらの DNA 断片がいくつ含まれているかを化学的に知ることができる．

実験の結果，次のようなデータ（表 5.4）が得られたとする．また，以前と

表 5.4 DNA 鎖に含まれる長さ 4 の DNA 断片とその数

DNA 断片	その数	DNA 断片	その数	DNA 断片	その数
AGCT	1	GCTG	1	CAGC	1
AGTC	2	TAGT	1	CTAG	1
GTCA	1	TCAG	1	CTGC	1
GTCC	1	TCCT	1	CCTA	1

同じようにして，有向グラフを作成し，そのオイラー経路を見つけて，DNA 鎖の塩基配列を定める．

長さ 4 の DNA 断片をグラフの辺で表し，長さ 4 の DNA 断片の前の 3 塩基をその辺の始点，後ろの 3 塩基をその辺の終点とする．例えば，有向辺 AAGT は始点が頂点 AAG で，終点が頂点 AGT である．このようにして，グラフを作成すると図 5.24 が得られる．このグラフで入次数と出次数の等しくないのは頂点 AGT と TGC の 2 つで，AGT は出次数が TGC は入次数がそれぞれの入次数と出次数より 1 大きいので，頂点 AGT がオイラー経路の始点，TGC が終点となる．オイラー経路は頂点列で示すと

AGT, GTC, TCC, CCT, CTA, TAG, AGT,

GTC, TCA, CAG, AGC, GCT, CTG, TGC

となる．このことから，求めたい DNA 鎖の塩基配列は

$$AGTCCTAGTCAGCTGC$$

となる．

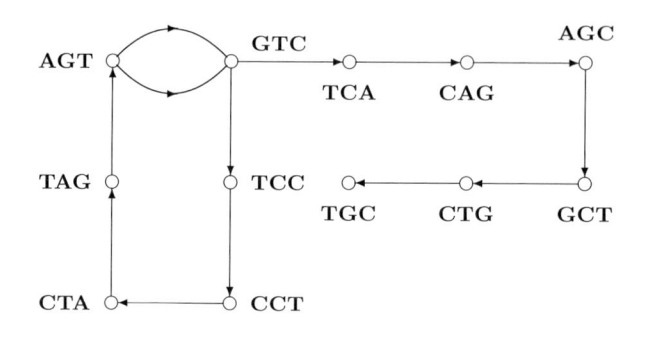

図 5.24 頂点 AGT がオイラー経路の始点，TGC が終点

練習問題

5.10 いま，ある長さの一本の DNA 鎖の塩基配列を知りたい．実験の結果，この DNA 鎖は次のような，長さ 4 の DNA 断片をそれぞれ 1 つずつ含むことがわかった (表 5.5)．この DNA 鎖の塩基配列を求めよ．

表 5.5 DNA 鎖に含まれる長さ 4 の DNA 断片とその数

DNA 断片	その数	DNA 断片	その数	DNA 断片	その数
AAAA	1	AGTC	1	TGAA	1
AAAG	1	GAAA	1	CAGT	1
AAGT	1	GTGA	1		
AGTG	1	GTCA	1		

第6章 グラフの平面性

6.1 平面的グラフ

　グラフは抽象的なものとして定義されているため，グラフの問題を考えるときなどは紙の上にグラフの図を描いて考えるのが一般的である．しかしながら，グラフを図に表す方法はたくさんあるため，人によって描いたグラフの図は異なる．例えば，頂点集合 $\{v_1, v_2, v_3, v_4, v_5\}$ と辺集合 $\{(v_1, v_2), (v_1, v_3), (v_2, v_3),$ $(v_2, v_4), (v_2, v_5), (v_3, v_4), (v_3, v_5), (v_4, v_5)\}$ をもつグラフは図 6.1 (a), (b), (c) のようにいろいろと描くことができる．

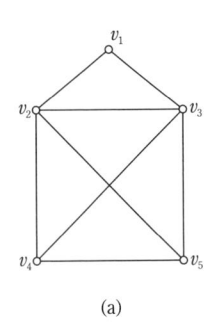

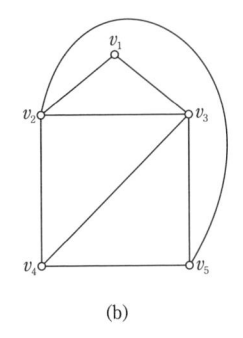

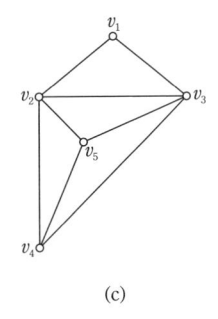

図 6.1　同一グラフ

　このとき，図 6.1 (a) では辺 (v_2, v_5) と (v_3, v_4) が交わるように描かれているが，(b) と (c) では両者は交わっていない．さらに，(c) の図では，辺はすべてまっすぐな線分で描かれている．どのように描いても，図 6.1 (a), (b), (c) は同一のグラフを表していることには変わりはない．ここで，重要なこと

は，図 6.1 (b) と (c) では辺が交わらずに描かれていることである．

次に，いつでも辺が交わらないようにグラフの図を描けるかどうかを考えてみる．例えば，図 6.2 で表されたグラフ，つまり，5 頂点の完全無向グラフ K_5 を辺が交わらないように描けるであろうか？この答えは「ノー」である．その理由を考えてみる．

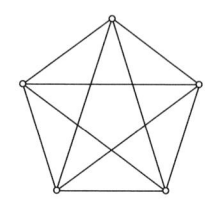

図 **6.2**　5 頂点完全無向グラフ K_5

完全無向グラフ K_5 を辺が交わらないように平面上に描けるかどうかを調べてみる．5 つの頂点を v_1, v_2, v_3, v_4, v_5 とする．5 つのうち 3 つの頂点 v_1, v_2, v_3 およびそれらの間の辺 $(v_1, v_2), (v_1, v_3), (v_2, v_3)$ を平面（π とする）上に描いてみる（図 6.3）．3 つの辺 $(v_1, v_2), (v_2, v_3), (v_3, v_1)$ で 1 つの閉路

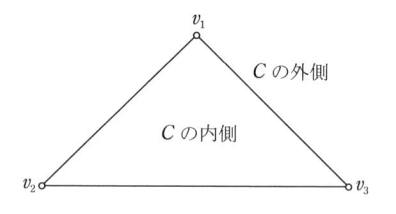

図 **6.3**　閉曲線 C の内側と外側

を構成している．この閉路を示す閉曲線を C とする．このとき，閉曲線 C は C 自身を除く平面 π の領域を C の内側と C の外側に分けている．

頂点 v_4 を描く位置であるが，閉曲線 C 上に描くのはルール違反であるから，C の内側か外側のどちらかに描くしか方法がない．図 6.4 のように，v_4 を C の内側に描けば，辺 $(v_1, v_4), (v_2, v_4), (v_3, v_4)$ を描く線分は C の内側のみを通らなければならない．そうでなければ，辺 $(v_1, v_4), (v_2, v_4), (v_3, v_4)$ を表す線分（曲線）は閉曲線 C と交わらざるを得ない（図 6.5）．

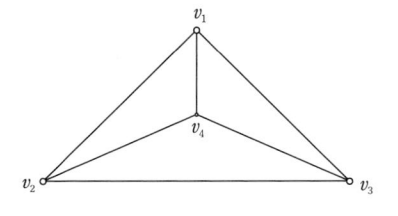

図 **6.4** v_4 が C の内側

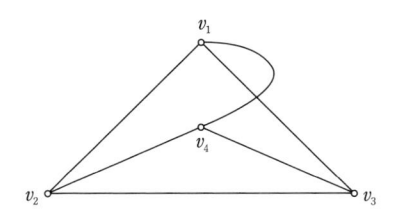

図 **6.5** 辺 (v_1, v_4) が C の外側も通るとき

同様に，図 6.6 のように v_4 を C の外側に描けば，辺 (v_1, v_4), (v_2, v_4), (v_3, v_4) を描く線分 (曲線) は C の外側のみを通らなければならない．

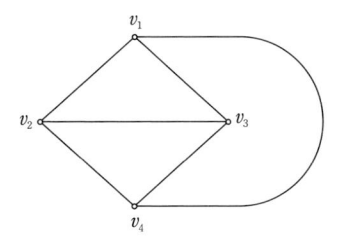

図 **6.6** 辺 v_4 が C の外側

頂点 v_4 が曲線 C の内側に描かれようとも，C の外側に描かれようとも，どちらにしても 3 つの閉路

$$(v_2, v_3, v_4, v_2)$$
$$(v_3, v_1, v_4, v_3)$$

$$(v_1, v_2, v_4, v_1)$$

を表す3つの閉曲線（それぞれ D_1, D_2, D_3 とする）が平面 π を分割していることに注意したい．

次に，最後の頂点 v_5 を平面 π 上に描く．図 6.7 のように v_4 を C の内側

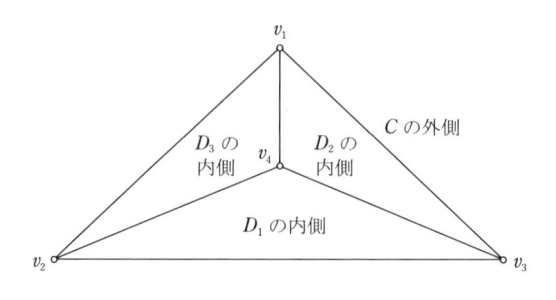

図 6.7 辺 v_4 が C の内側

に描いていれば，v_5 は D_1 の内側か，D_2 の内側か，D_3 の内側か，あるいは C の外側に描くしかない．

一方，図 6.6 のように v_4 を C の外側に描けば，v_5 は D_1 の内側か，D_2 の内側か，D_3 の外側か，あるいは C の内側に描くしかない（図 6.8）．

ここまでで，多くの場合分けが発生したが，証明は同様にできるので，頂点 v_4 が閉曲線 C の内側，頂点 v_5 が閉曲線 D_1 の内側に描かれている場合のみを考える．このとき，3辺 $(v_4, v_5), (v_2, v_5), (v_3, v_5)$ は D_1 の内側のみを通って描かれる（図 6.9）．v_1 は D_1 の外側に描かれているので閉曲線 D_1 と交わらないで v_1 と v_5 を結ぶことはできない（図 6.10）．

以上のことから，5頂点完全無向グラフ K_5 を，辺を表す線分（曲線）を交差させないで平面上に描くことは不可能である．

一般に，辺を表す線分（曲線）を交差させずに平面上に描くことのできるグラフを**平面的グラフ**(planar graph) という．

上記で示したように，完全グラフ K_5 は平面的グラフではない．平面的グラフでないものとして，完全2部グラフ $K_{3,3}$ も有名である．

6.1 平面的グラフ 89

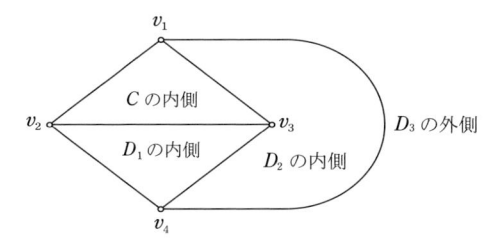

図 6.8 辺 v_4 が C の外側

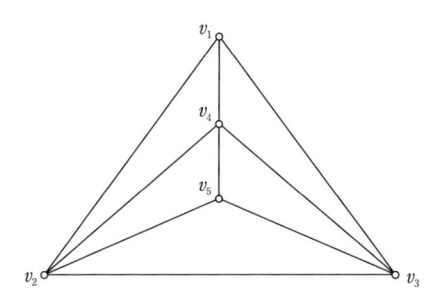

図 6.9 v_4 が C の内側, v_5 が D_1 の内側

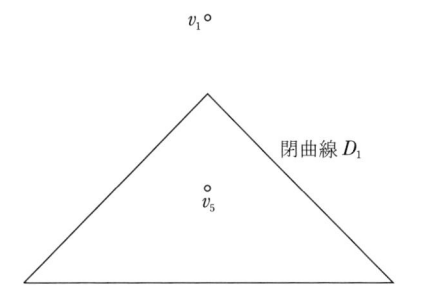

図 6.10 v_1 と v_5 を結ぶ曲線は閉曲線 D_1 と交わる

6.2 クラトフスキーの定理

これまでの議論でわかったことは，グラフには平面的グラフもあればそうでないグラフ（非平面的グラフ）もあるということである．ここでは，平面的グラフあるいは非平面的グラフの特徴はどのようなものであるのかを考えてみる．

グラフ G の辺上に新たな頂点を発生させて得られるグラフを G の**細分**(subdivision)という．このとき，発生させる頂点はいくつでもよい．図 6.11 に K_4 のグラフとその細分の一例を与える．定義上，G は G 自身の細分としておく．

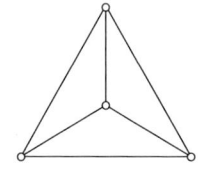

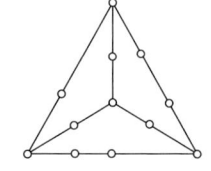

図 6.11 グラフ K_4 の細分

グラフ G が非平面的グラフであれば G の細分も明らかに非平面的グラフである．グラフ G が非平面的部分グラフを含めば G は非平面的グラフである．このことに関して，次のことがら，つまり，**クラトフスキーの定理**(Kuratowski's theorem) は非常に有名である．

> **非平面的グラフの判定ルール** グラフが非平面的グラフとなるための必要十分条件は K_5 または $K_{3,3}$ の細分を部分グラフとして含むことである．

この定理の証明は省略する．

練習問題

6.1 ピーターセングラフが平面的グラフでないことを示すために，$K_{3,3}$ の細分を部分グラフにもつことを示せ．
ヒント：図 6.12 を見よ．

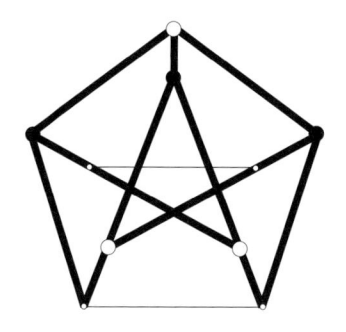

図 6.12 ヒントの図

6.3 平面グラフに関するオイラーの公式

　平面的グラフはうまく描くと平面上に辺を表す線分（曲線）を交差させることなく描ける．このとき，描かれた図そのものを**平面グラフ**(plane graph) あるいは**平面への埋め込み**という．

　図 6.13 に**プラトングラフ**(Platonic graph) とよばれるいくつかの平面グラフを与える．平面グラフでは辺を表す線分（曲線）で平面が分割されている．分割された各領域を**面**(face) とよぶ．平面グラフの外側の領域も**面**とよぶ．この外側の面を**無限面**(infinite face) とよび，他の面を**有限面**(finite face) とよぶ．図 6.13 に与えられた平面グラフは 4 面体，6 面体，8 面体，12 面体グラフとよばれる．

　いま，平面グラフの頂点数を n，辺数を m，面数を f とすると

$$4 面体グラフでは n = 4, \ m = 6, \ f = 4$$
$$6 面体グラフでは n = 8, \ m = 12, \ f = 6$$
$$8 面体グラフでは n = 6, \ m = 12, \ f = 8$$
$$12 面体グラフでは n = 20, \ m = 30, \ f = 12$$

となっている．このとき，各平面グラフでは

$$n - m + f = 2$$

となっている．もう 1 つ，別な平面グラフ（図 6.14）を考えてみても，$n = 5$,

4 面体グラフ

6 面体グラフ

8 面体グラフ

12 面体グラフ

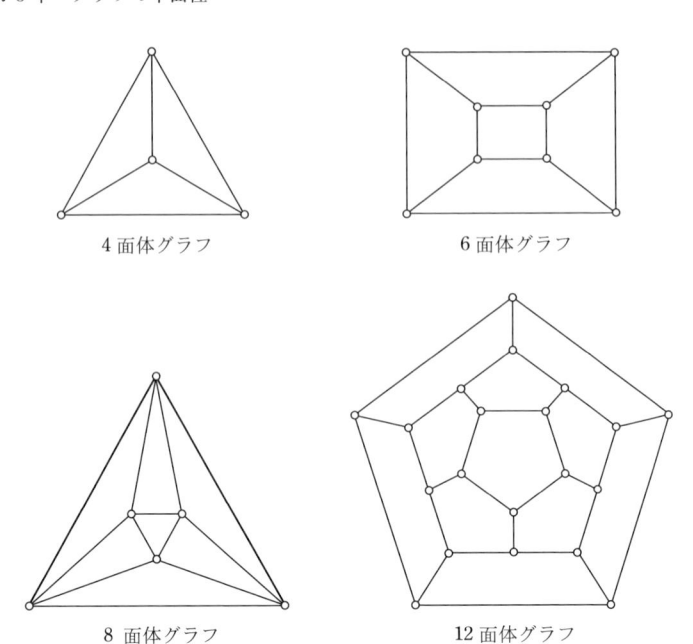

図 **6.13** いくつかの平面グラフ（プラトングラフ）

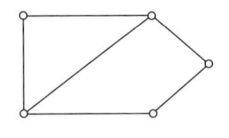

図 **6.14** 平面グラフ

$m = 6, f = 3$ なので

$$n - m + f = 5 - 6 + 3 = 2$$

となっている．以上のことから，次の性質が成り立つことが直感的にわかる．

> **平面的グラフに関するオイラーの公式**　連結した平面グラフ G に対し，G の頂点数を n，辺数を m，面数を f とすると
>
> $$n - m + f = 2$$
>
> となる．

　上記の平面的グラフに関するオイラーの公式を証明する．この公式はグラフが単純でなくても成立することに注意したい．証明は，G が木のときと，木でないときに分けて考える．

　まず，G が木のときを考える．G が木のとき，辺数は頂点数より 1 小さいので

$$m = n - 1$$

となる．面は無限面のみなので

$$f = 1$$

である．よって，G が木のとき

$$n - m + f = n - (n-1) + 1 = 2$$

となる．

　次に，G が木でないときを考える．G が木でないので閉路を少なくとも 1 つもつ．閉路の 1 つを C とする．C に属する辺 e に対し，グラフ G から辺 e を除去した部分グラフ（記号で $G - e$ と書く）を考える．いま，このグラフ $G - e$ は連結グラフであることに注意する．数学的帰納法を用いて証明する．

　辺 e は 2 つの異なる面を分離しているので，グラフ $G - e$ はグラフ G と比べて，頂点数は同じで，辺数と面数はそれぞれ 1 減少する．グラフ G の真部分グラフ $G - e$ で

$$\text{頂点数} - \text{辺数} + \text{面数} = 2$$

が成り立つと仮定すると

$$n - (m - 1) + (f - 1) = 2$$

となる．これは
$$n - m + f = 2$$
のことであり，この式はもとのグラフ G においても

$$頂点数 - 辺数 + 面数 = 2$$

が成り立つことを意味している．以上で，平面グラフに関するオイラーの公式の証明を終える．

練習問題

6.2 成分数が k の平面グラフ G に対し，G の頂点数を n，辺数を m，面数を f とすると
$$n - m + f = k + 1$$
となることを証明せよ．
ヒント：各成分に対してオイラーの公式を用いよ．

6.4 平面グラフの面の次数

平面グラフの有限面は何本かの辺で囲まれている．例えば，図 6.15 は 3 つ

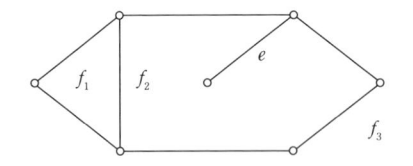

図 6.15 3 つの面をもつ平面グラフ

の面 f_1, f_2, f_3 をもつが，有限面 f_1 は 3 本の辺で囲まれている．ところで，有限面 f_2 や無限面 f_3 は一体何本の辺で「囲まれている」のであろうか？以下の議論のために，面 f_2 や f_3 を「囲んでいる」辺の数を定義する．

まず，面 f_2 は辺 e を 2 度カウントすることにより 7 本の辺で囲まれているという．無限面 f_3 は実のところ 6 本の辺を囲んでいるが，これを 6 本の辺で囲まれているという．例えば，図 6.16 の木となる平面グラフは 1 つの

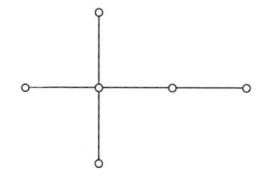

図 6.16 1つの無限面をもつ平面グラフ

無限面しかもたないが，各辺を2度カウントすることにより，この無限面は10本の辺で囲まれているという．

面を囲んでいる辺数の決め方は次のとおりである．

閉路上の辺は1本とカウントし，閉路上にない，つまり，橋になっている辺は2本とカウントする．面 f を囲んでいる辺数を面 f の**次数**(degree)という．

6.5 単純平面的グラフの特徴

平面的グラフ G において，どの隣接しない2頂点を結んでも平面的グラフにならないのであれば，このグラフ G は**極大平面的グラフ**(maximal planar graph) という．頂点数 n が3以上となる単純グラフ G が極大平面的グラフならば，各面の次数は3となる．図 6.17 には次数が4と5の面 f_1 と f_2 が

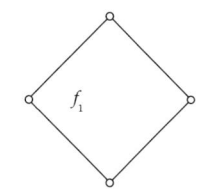

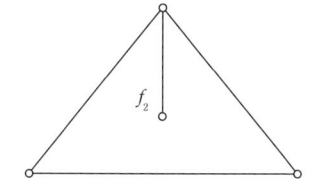

図 6.17 f_1 の次数は 4，f_2 の次数は 5

与えられているが，点線で示されたように頂点間を辺で結べば，すべての面の次数は3となり，グラフは平面的グラフのままである，図 6.18.

次に，単純連結グラフ G が頂点数 $n \geq 3$，辺数 m をもつ極大平面的グラ

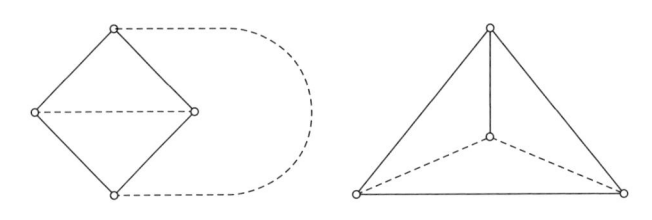

図 6.18 極大平面的グラフ

フであれば
$$m = 3n - 6$$
という関係式が成り立つという特徴がある．これを考えてみる．まず，G には橋がないことに注意する．各辺は閉路上に存在するので，各辺は 2 つの異なる平面の境界上にある．単純グラフの各面は 3 本の辺で囲まれているので，各辺を 2 回カウントすると
$$3f = 2m$$
となる．連結グラフに対するオイラーの公式 $n - m + f = 2$ の両辺に 3 を掛けた式
$$3n - 3m + 3f = 6$$
に上式 $3f = 2m$ を代入すると
$$3n - 3m + 2m = 6$$
つまり
$$m = 3n - 6$$
が得られる．実のところ，図 6.18 の両方のグラフに対し $n = 4$ なので，グラフの辺（実線と点線）は $m = 12 - 6 = 6$ 本となっている．

一方，単純な平面的グラフが極大でないならば，各面の次数は 3 以上なので
$$3f \leq 2m$$
となる．連結でない場合のオイラーの公式は（練習問題 6.2）
$$n - m + f \geq 2$$

なので，両辺を3倍すると

$$3n - 3m + 3f \geq 6$$

となる．よって

$$3n - 3m + 2m \geq 6$$

つまり

$$m \leq 3n - 6$$

となる．以上のことから，次のことがらが成り立つ．

単純グラフ G が頂点数 $n \geq 3$，辺数 m をもつ平面的グラフであれば

$$m \leq 3n - 6$$

となる．

　上記の結果を用いて，K_5 が平面的グラフでないことを証明することができる．まず，K_5 が単純グラフであることに注意する．このグラフに対して，頂点数 $n = 5$，辺数 $m = 10$ であるが，$3n - 6 = 15 - 6 = 9$ なので，不等式 $m \leq 3n - 6$ は成り立たない．ゆえに，K_5 は平面的グラフではない．

　上記の特殊な場合として，各面の次数が4以上の場合を考えてみる．このとき

$$4f \leq 2m$$

となるので，連結でない場合のオイラーの公式 $n - m + f \geq 2$ つまり $4n - 4m + 4f \geq 8$ より

$$4n - 4m + 2m \geq 8$$

あるいは，書き直して

$$m \leq 2n - 4$$

が得られる．この結果を利用すると，完全2部グラフ $K_{3,3}$ も平面的グラフでないことを証明することができる．$K_{3,3}$ は $n = 6, m = 9$ なので，$2n - 4 = 8$

となり，不等式 $m \leq 2n - 4$ は成り立たない．ゆえに，$K_{3,3}$ は平面的グラフではない．

最後に，次章で用いる定理を与えて，この章を終える．

単純平面的グラフには次数 5 以下の頂点が存在する．

証明をする．もし次数 5 以下の頂点が存在しなければ，すべての頂点 i の次数 $d(i)$ は

$$d(i) \geq 6$$

となる．頂点集合を $\{1,\ldots,n\}$ とすれば

$$d(1) + \cdots + d(n) \geq 6n$$

となる．一方，頂点の次数の総和は辺数の総和の 2 倍なので

$$d(1) + \cdots + d(n) = 2m$$

なので

$$2m \geq 6n$$

つまり

$$m \geq 3n$$

となる．単純平面的グラフを仮定しているので

$$m \leq 3n - 6$$

となるが，ここに矛盾が生じている．ゆえに，単純平面的グラフには次数が 5 以下の頂点が存在する．これで証明を終える．

練習問題

6.3 平面的グラフの各面の次数が 5 以上であれば

$$3m \leq 5n - 10$$

であることを示し，ピーターセングラフが平面的グラフでないことを示せ．

第7章 グラフの彩色

7.1 グラフの彩色数

隣接する2頂点を異なる色となるように，グラフ G の全頂点に色を塗ることを G の **彩色**(coloring) という．いま，図 7.1 のグラフの頂点を赤，青，黄，

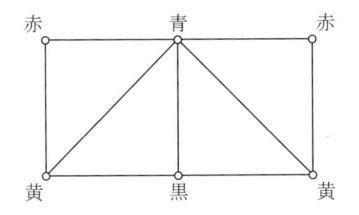

図 7.1 4色での彩色

黒の4色で塗ってみた．これは図 7.2 に示すように，赤，青，黄の3色でも

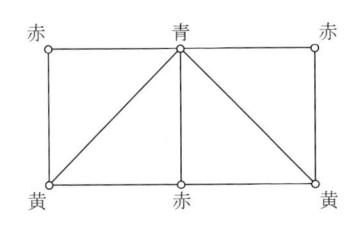

図 7.2 3色での彩色

彩色は可能である．しかし，いくら考えても2色で彩色するのは無理のようである．それは，このグラフが部分グラフとして K_3（3頂点の完全グラフ）

を含んでいるため，2色で彩色するのは無理である．グラフ G の彩色が可能となる色の数の最小数を G の**彩色数**(chromatic number) といい，記号では

$$\chi$$

あるいは

$$\chi(G)$$

で示される．また，グラフ G が ρ 色で彩色可能ならば ρ-彩色可能という．

グラフ G のすべての真部分グラフ H に対し

$$\chi(G) > \chi(H)$$

となるとき，G は**臨界**(critical) という．完全無向グラフ K_n は臨界である．例えば，図 7.3(a) の K_4 は彩色に 4 色必要であるが，(b) に示した，その真部分グラフは 3 色で彩色できる．

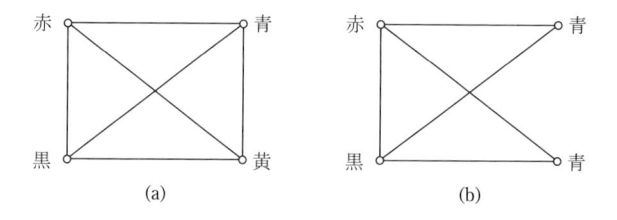

図 **7.3** K_4 とその真部分グラフの彩色

図 7.4 (a) のグラフは**車輪**(wheel) とよばれる．

一般に，車輪グラフは n 個の頂点からなる 1 閉路と，この閉路上のすべての頂点と隣接する 1 頂点からできている無向グラフである．記号では

$$W_n$$

で示される．だから，W_3 と K_4 は同型である．図 7.4 の車輪グラフ W_5 は $\chi(W_5) = 4$ で臨界である．例えば，同図 (b) の部分グラフでは 3 色で彩色されていることから理解できる．

次に，グラフの彩色数と頂点の次数との関係について議論する．

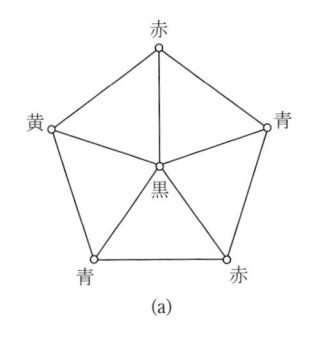

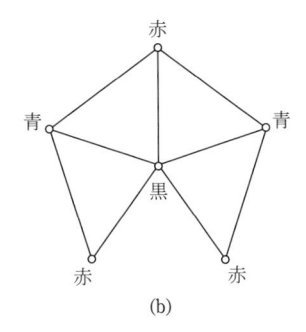

図 **7.4** 車輪 W_5 とその真部分グラフ

> グラフ G が彩色数 χ で臨界ならば，G のすべての頂点の次数は少なくとも $\chi - 1$ である．

この内容を証明する．次数 $\chi - 2$ 以下となる頂点 v が G に存在すると仮定する．このとき，G は彩色数 χ で臨界なので，グラフ $G - v$（グラフ G から頂点 v と v に接続する辺すべてを除去したグラフのこと）は $\chi - 1$ 色で彩色可能である．ところで，v は高々 $\chi - 2$ 個の頂点と隣接するだけなので，これらの v に隣接する頂点は $\chi - 1$ 色すべてを使い切ることはできない．つまり，少なくとも 1 色は余っているので，これを v の色とすれば G 全体が $\chi - 1$ 色で彩色可能となり，G の彩色数が χ であることに矛盾する．よって，G の頂点の次数は少なくとも $\chi - 1$ である．

この定理に関して，次の **グレッチュ(Grötzch) のグラフ**（図 7.5）は有名である．ここで $\chi = 4$ である．

練習問題

7.1 グレッチュのグラフから次数が 5 の頂点とそれに接続する辺をすべて除去したグラフが 3 色で彩色できることを示せ．次に，グレッチュのグラフから次数が 4 の 1 頂点とそれに接続する辺をすべて除去したグラフが 3 色で彩色できることを示せ．最後に，次数が 3 の 1 頂点とそれに接続する辺をすべて除去したグラフが 3 色で彩色できることを示せ．

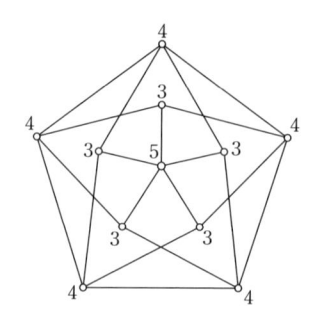

図 7.5 グレッチュのグラフ．頂点の数字は次数を示す

7.2 グレッチュのグラフを 4 色で彩色せよ．

上記の定理より，彩色数が χ のグラフの頂点の次数は少なくとも $\chi-1$ であることがわかる．今度は逆に，頂点の次数の情報が与えられたとき，彩色数に関する情報を与える．

> グラフ G の頂点の次数がすべて ρ 以下ならば，G の彩色数は $\rho+1$ 以下である．

先の定理の証明とほぼ同じようにして証明することができる．グラフ G の任意の頂点を v とする．グラフ $G-v$ は数学的帰納法の仮定として $\rho+1$ 色で彩色可能とする．頂点 v は高々 ρ 個の頂点と隣接するだけなので，これらの v に隣接する頂点は $\rho+1$ 色すべてを使い切ることはできない．つまり，少なくとも 1 色は余っているので，これを v の色とすれば G 全体が $\rho+1$ 色で彩色可能となる．

この定理はさらに次のように強めることが可能である．

> **ブルックス (Brooks) の定理** グラフ G が完全グラフでないとき G の頂点の次数がすべて $\rho \geq 3$ 以下ならば，G の彩色数は ρ 以下である．

練習問題

7.3 グラフ G が彩色数 χ で臨界ならば

$$n(\chi - 1) \leq 2m$$

であることを示せ．ただし，n と m はそれぞれ G の頂点数と辺数である．
ヒント：グラフの辺数に着目せよ．

7.2 ブルックスの定理の証明

この節ではブルックスの定理の証明を行う．証明はグラフ G が ρ-正則グラフでない場合と ρ-正則グラフである場合とに分けて行う．

最初に，グラフ G が ρ-正則グラフでない場合を考える．このとき，次数が $\rho - 1$ 以下の頂点が存在する．その頂点を v とする．数学的帰納法の仮定として，グラフ $G - v$ が ρ 色で彩色可能と仮定する．グラフ G において，v に隣接する頂点は高々 $\rho - 1$ 個しかないので，これらの頂点は ρ 色すべてを使い切ることができない．少なくとも 1 色は余る．この余りの 1 色を v に与えると，G 全体が ρ 色で彩色可能となる．

次は，グラフ G が完全グラフでない ρ-正則グラフの場合を考える．任意の頂点 v を選ぶ．やはり，数学的帰納法の仮定としてグラフ $G - v$ は ρ 色で彩色可能と仮定する．このとき，G で，v に隣接していた ρ 個の頂点は，グラフ $G - v$ において ρ 色すべてを使い切っていると仮定できる．そうでなければ，少なくとも 1 色余り，その余りの色を v に与えれば，G は ρ 色で彩色可能となるからである．

以下では，グラフ $G - v$ は ρ 色での彩色を変更し，v に適切な色を与え，G での ρ 色での彩色可能性を示す．

ブルックスの定理では $\rho \geq 3$ なので，頂点 v に隣接する ρ 個の頂点のうちの 3 頂点を a, b, c とし，それぞれ色 $1, 2, 3$ で塗られていると仮定する．ただし，以下の議論では色の変更が行われ，頂点 a の色が常に 1 とは限らない．この状況を図 7.6 に示す．

ここで，以下の議論で何度も利用する $G - v$ の部分グラフ H_{ab}, H_{bc}, H_{ca} を定義する．これら 3 つのグラフの定義は実質上同じなので H_{ab} のみを記述

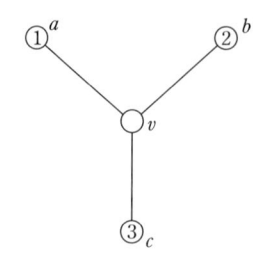

図 7.6 頂点の中の数字は色を示す．$G-v$ は ρ 色で彩色されている

する．

　H_{ab}：頂点 a の色（最初は 1）と頂点 b の色（最初は 2）で塗られた頂点全体とその間に存在する $G-v$ の辺全体で構成される部分グラフで，頂点 a を含む成分．

　この部分グラフ H_{ab} は頂点 b を含まないときもあれば，b を含むときもあることに注意したい．グラフ H_{ab} が頂点 b を含まないなら，H_{ab} の頂点に隣接する頂点で，H_{ab} に含まれない頂点は色 1 と 2 以外の色をもつ．その一例を図 7.7 に示す．よって，H_{ab} の頂点の色 1 と 2 を交換しても，$G-v$ の

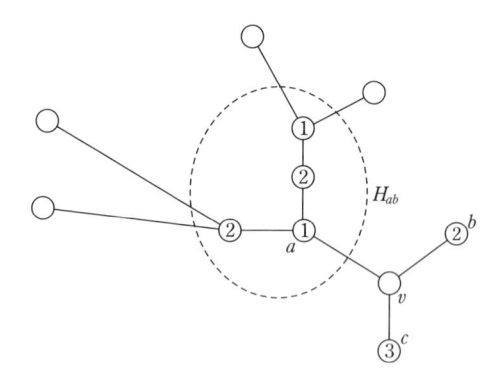

図 7.7 H_{ab} の頂点に隣接するが H_{ab} に含まれない頂点の色は 1，2 以外

ρ 色での彩色に不都合は生じない．色の交換後，頂点 a の色は 2 となるので，頂点 v に色 1 を与えれば，G は ρ-彩色可能になる．

次に，グラフ H_{ab} が頂点 b を含む場合を考える．このとき，H_{ab} において，頂点 a と b の次数が 1 で他の頂点の次数が 2 となっている場合と，そうでない場合を考える．前者の場合，グラフ H_{ab} は頂点 a と b を結ぶ経路になっている．

説明上，後者の場合を先に考える．グラフ H_{ab} において，頂点 a の次数が 2 以上ならば，つまり，$d(a) \geq 2$ ならば，色 2 をもち，頂点 a に隣接する頂点が 2 個以上存在することになる．すると，必然的に，グラフ $G-v$ において，頂点 a に隣接する $\rho-1$ 個の頂点は色 2 から色 ρ までの全 $\rho-1$ 色すべてを使い切っていないことになる．その未使用の色を l として，頂点 a の色を l にし，頂点 v の色を 1 とすれば，G の ρ-彩色が可能となる．また，グラフ H_{ab} において，頂点 b の次数が 2 以上の場合も，同様にして，G を ρ-彩色可能にできる．

グラフ H_{ab} において，頂点 a, b 以外の頂点 u において，$d(u) \geq 3$ と仮定する．説明上，この頂点 u の色を 1 とする．一例を図 7.8 に示す．グラフ

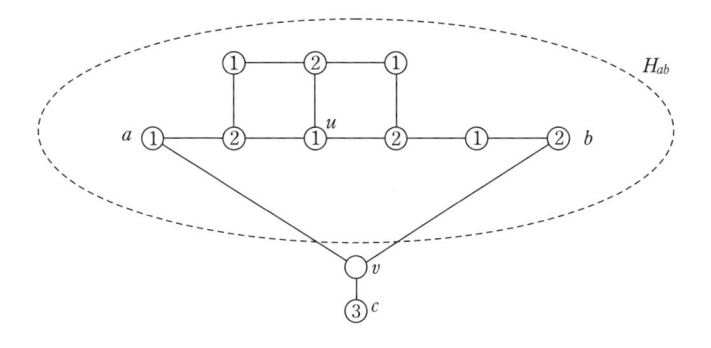

図 **7.8** H_{ab} で $d(u) \geq 3 (u \neq a, b)$ の場合

$G-v$ において，頂点 u に隣接する ρ 個の頂点は，やはり，色 2 から色 ρ までの全 $\rho-1$ 色すべてを使い切っていない．未使用の色を l とする．頂点 u の色を l と変更してから，G の ρ-彩色可能性を考えることにする．このとき，次のことがらに注意すべきである．いま述べた，色の変更を行った後の彩色をもつグラフ $G-v$ から，新たに構成されるグラフ H_{ab} は，色の変更を行う前のグラフ $G-v$ から構成された，以前のグラフ H_{ab} の真部分グラ

フとなっていることである．このことに注意すれば，何度目かに構成されるグラフ H_{ab} は頂点 b を含まなくなるか，a と b を結ぶ経路になるかのどちらかである．グラフ H_{ab} が頂点 b を含まない場合の議論はすでに行ったので，以下ではグラフ H_{ab} が a と b を結ぶ経路と仮定する．

ここでは，グラフ H_{ab} が a と b を結ぶ経路と仮定するが，同様の議論から，グラフ H_{bc} が b と c を結ぶ経路と仮定し，グラフ H_{ca} が c と a を結ぶ経路と仮定する．

まず，グラフ G において，頂点 a と b を結ぶ経路 H_{ab} と頂点 b と c を結ぶ経路 H_{bc} を考える．頂点 b で両者は交わるが（頂点 b が両経路の端点），それ以外で交わるとすれば色 2 をもつ頂点においてである．このような頂点を u とする．一例を図 7.9 に示す．グラフ $G-v$ において，u に隣接 ρ 個

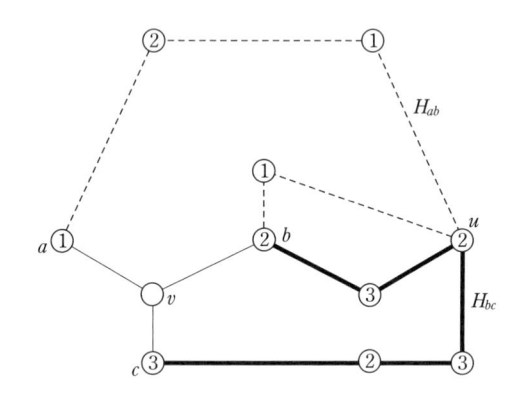

図 7.9 経路 H_{ab} と H_{bc} が u で交わる

の頂点は色 1 と 3 をそれぞれ 2 回用いているので，未使用の色（l とする）をもつ．この場合は，頂点 u の色を l に変更してから G の ρ-彩色可能性を考えることにすればよい．頂点 u の色 l への変色後は新たに構成される H_{ab} は b を含まないので，この場合の議論は終わっている．

よって，以下では，経路 H_{ab} と H_{bc} は b 以外では交わらないと仮定する．同様の理由で，経路 H_{bc} と H_{ca} は c 以外では交わらず，経路 H_{ca} と H_{ab} は a 以外では交わらないと仮定する．この状況の一例を図 7.10 に示す．

グラフ G は完全グラフではないので，頂点 a と b は隣接しないと仮定で

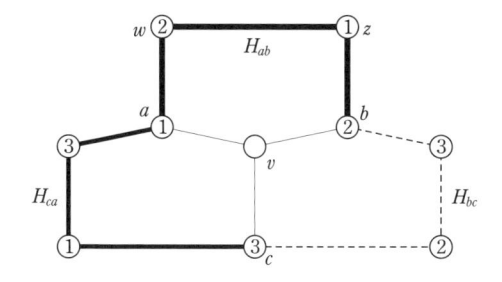

図 7.10 3本の経路 H_{ab}, H_{bc}, H_{ca} は端点以外では交わらない

きる．すると，経路 H_{ab} の長さは3以上である．この経路上で a の隣の頂点を w, b の隣の頂点を z とする．

ここで，経路 H_{ca} 上の頂点の色1と3を交換する．この色の交換後に構成される H_{ca} は全く以前の H_{ca} と同じで，頂点 c と a を結ぶ経路のままである．ところが，この色の変換後 H_{ab} H_{bc} は変化する．なぜならば，H_{ab} は色3と2の頂点全体とその間に存在する $G-v$ の辺全体で構成される部分グラフで，頂点 a を含む成分であるからである．H_{bc} も同様である．この状況の一例を図 7.11 に示す．

新しい H_{ab} は b を含まないかもしれないし，b を含んでも，頂点 a と b

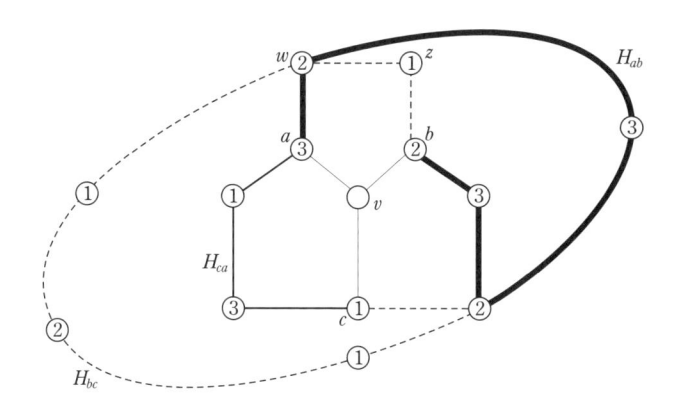

図 7.11 前の図の H_{ca} 上の頂点の色の交換後

を結ぶ経路になっていないかも知れない．しかしながら，これらの議論はすでに終わっている．よって，ここでは H_{ab} は頂点 a と b を結ぶ経路になっていると仮定する．このとき，頂点 w が H_{ab} 上に存在することに注意する．

次に，H_{bc} も頂点 b と c を結ぶ経路になっていないかも知れないが，そのような場合の議論は終わっているので，これも b と c を結ぶ経路と仮定する．このとき，頂点 z と w が H_{bc} 上に存在することに注意する．つまり，2つの経路 H_{ab} と H_{bc} は始点や終点でない途中の頂点 w において交差することになる．しかしながら，この場合の議論もすでに終わっている．以上で，グラフ G は ρ-彩色可能となり，証明が終わる．

ブルックスの定理は，グラフが正則グラフのときには有効である．例えば，3-正則グラフはすべて3色で彩色可能であり，4-正則グラフはすべて4色で彩色可能である．しかし，一般にはあまり有効ではない．例えば，車輪グラフ W_{1000} に対し，ブルックスの定理は1000色で彩色が可能であることを述べているが，実のところたった3色で彩色が可能である．

練習問題

7.4 図 7.12 の 4-正則グラフの彩色数 χ を求め，χ 色で彩色せよ．

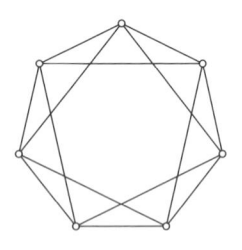

図 **7.12**　4-正則グラフ

7.3　平面的グラフの彩色

1976年にアッペル (Appel) とハーケン (Haken) が，100年以上も未解決問題であった **4色定理** (four-color theorem) を証明した．ただ，その証明は普

通の証明と異なりコンピュータを用いて証明した．あるいは，その証明のやり方ではコンピュータを用いなければ証明ができなかった点が衝撃的であった．

いま，長方形の紙をもってきて，鉛筆でその平面を分割する．分割された区画は線分（曲線）で隣り合うとき異なる色で塗ることにする．平面をどのように分割しても4色あれば十分であるというのが4色定理である．

この問題をグラフを用いて考えてみる．図 7.13 に示された区画の色塗り

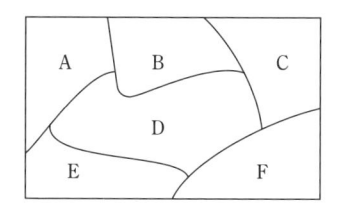

図 7.13 6つの区画をもつ

を考える．各区画に A から F の名前を付ける．各区画をグラフの頂点で表し，2つの区画が線分（曲線）で隣り合うとき，その2頂点間にグラフの辺を与える．その結果，図 7.14 に示された平面グラフが得られる．

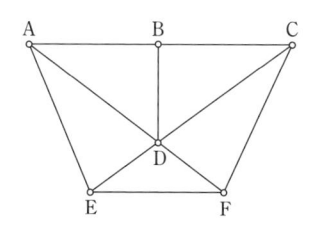

図 7.14 6つの頂点をもつ平面グラフ

4色定理とは，任意の平面的グラフが4-彩色可能ということである．ここでは，4色定理の代わりに次の5色定理を証明する．

5色定理 すべての平面的グラフ G の彩色数は5以下である．

5色定理を証明する．以前に示したように，平面的グラフは必ず次数が5以下の頂点をもつ．その頂点を v とし，グラフ $G-v$ を考える．

G の 5-彩色可能性を証明するために，数学的帰納法を用いる．そのため，平面的グラフ G の真部分グラフ $G-v$（もちろん，これも平面的グラフ）が 5-彩色可能と仮定する．

いま，$d(v) \leq 4$ ならば G で v に隣接する頂点は高々4つなので，これらの頂点の用いている色も高々4色である．よって，これらの色と異なる色を頂点 v に与えれば，G の5色による彩色は可能となる．

$d(v) = 5$ のときを考える．v に隣接する5頂点を図 7.15 のように $a, b, c,$

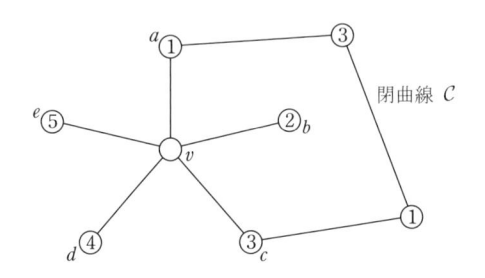

図 7.15 $d(v) = 5$ のとき

d, e とする．また，これらの5頂点はそれぞれ異なる5色（色1から5とする）で塗られていると仮定する．そうでないときは余りの色が存在するので，その余りの色を v に塗ればよい．

ブルックスの定理の証明で用いたグラフ H_{ac} を考える．つまり，頂点 a の色1と頂点 c の色3で塗られた頂点全体とその間に存在する $G-v$ の辺全体で構成される部分グラフで，頂点 a を含む成分を考える．このとき，H_{ac} が頂点 c を含まなければ，H_{ac} の頂点の色1と3を交換する．交換後，頂点 a と c はどちらも色3となる．よって，v に色1を与えれば，G は5色で彩色できる．次は，H_{ac} が頂点 c を含む場合を考える．このとき，G には閉路

$$v, a, \ldots, c, v$$

が存在する．この閉路により平面上に閉曲線 $\mathcal{C}$ が定まり，閉曲線 $\mathcal{C}$ の内側と外側が定義できる．閉曲線 $\mathcal{C}$ は頂点 b と d を分離しているので，H_{bd} は

頂点 d を含むことはできない．H_{bd} の頂点の色 2 と 4 を交換すれば，頂点 b と d は色 4 で塗られるので，頂点 v に色 2 を与えれば G は 5 色で彩色できる．以上で 5 色定理の証明を終える．

7.4 辺彩色

これまでの議論では色は頂点に与えられていたが，この節では辺に色を与えることにする．ここでの定義は，グラフの頂点を辺に変えただけで，以前の定義とほぼ同じである．

グラフ G の **辺彩色**(edge coloring) は隣接する辺を異なる色で塗ることであり，**辺彩色数**(edge chromatic number) は辺彩色に必要な色の数の最小数である．記号では

$$\chi'$$

あるいは

$$\chi'(G)$$

で示される．k 色で辺彩色できるとき，そのグラフは k-辺彩色可能という．以前の頂点の彩色の定義と混同しないように，点彩色，点彩色数，k-点彩色可能という言葉も用いられる．

辺彩色数 χ' に関して，グラフ G のどの頂点においても，その頂点に接続する辺はすべて異なるので，

$$\chi' \geq G \text{ の頂点の次数の最大値}$$

となるはずである．

いま，グラフが完全グラフ K_n の場合の辺彩色数 $\chi'(K_n)$ について考える．頂点数 n が奇数の場合と偶数の場合とでは結果が異なるのでそれぞれの場合を順に考えることにする．

頂点数 n が 3 以上の奇数の場合の辺彩色数 $\chi'(K_n)$ について考える．まず，1 つの色を用いて，完全グラフ K_n の辺のうち最大何本の辺に色を塗れるかという問題を考える．隣接する辺は異なる色でなければならないので，2 本の同色の辺の端点は同一の頂点を共有できない．完全グラフ K_n の異なる 2 頂点間には必ず辺が 1 本存在するので，この問題は n 個の頂点全体から最

大いくつのペア (2 頂点対) が構成できるかを考えれば十分である．明らかに，n は奇数なので最大 $\frac{n-1}{2}$ 個のペアが生じる．言い換えれば，1 つの色で最大 $\frac{n-1}{2}$ 本の辺を塗ることができる．

完全グラフ K_n の辺の本数は
$$\frac{n(n-1)}{2}$$
本なので，辺全体を色塗りするには少なくとも
$$\frac{n(n-1)}{2} \div \frac{n-1}{2} = n$$
個の色が必要である．よって
$$\chi'(K_n) \geq n \quad (n = 奇数)$$
となる．次に，K_n を n 色で彩色することにより，K_n の彩色には n 色で十分なこと，つまり
$$\chi'(K_n) \leq n \quad (n = 奇数)$$
を示すことにより
$$\chi'(K_n) = n \quad (n = 奇数)$$
を得る．

完全グラフ $K_n(n = 奇数)$ が n 色で彩色できることを示す．K_n の頂点を正 n 角形の頂点となるように配置する．図 7.16 に $n = 5$ と $n = 7$ の場合を図に示す．正 n 角形の外周の辺を順に色 $1, 2, \ldots, n$ で塗る．正 n 角形の内部の辺に対しては，その辺に平行な外周上の辺が必ず 1 つ定まるので（練習問題 7.5 参照），その外周の辺と同じ色で塗る．このように内部の辺を色づけしてやると $K_n(n = 奇数)$ の辺全体を n 色で塗ることができる．

次に，n が偶数の場合の辺彩色数 $\chi'(K_n)$ について考える．K_n の頂点の次数はすべて $n-1$ なので
$$\chi'(K_n) \geq n - 1 \quad (n = 偶数)$$
が得られる．n が奇数の場合と同様にして，1 色で塗れる辺の数の最大値が $\frac{n}{2}$ であることから辺全体を色塗りするには少なくとも
$$\frac{n(n-1)}{2} \div \frac{n}{2} = n - 1$$

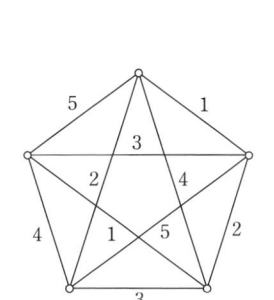

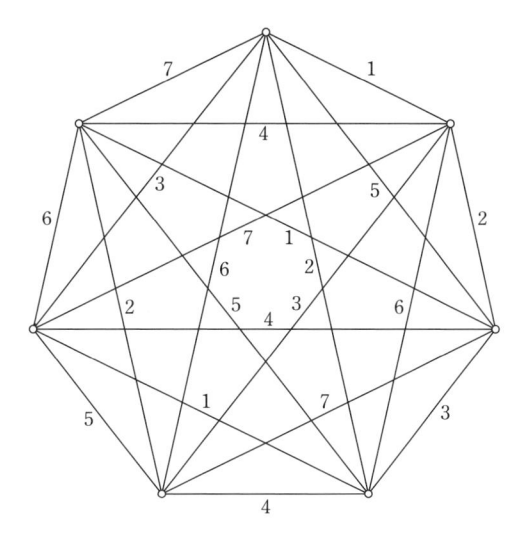

図 7.16 正 5 角形と正 7 角形

個の色が必要としても同一の結果が求まる．

上記同様，$K_n (n = 偶数)$ が $n-1$ 色で塗れることを以下で示すことにより

$$\chi'(K_n) = n - 1 \qquad (n = 偶数)$$

を導く．

ここで，n が 4 以上の偶数のとき，K_n が $n-1$ 色で彩色できることを示す．完全グラフ K_n を 2 つの部分グラフに分割する．つまり，$n-1$ 次の完全グラフ K_{n-1} とその残りの星グラフ $K_{1,n-1}$ に分割する．

図 7.17 に $n = 6$ の場合を示す．いま，$n-1$ は奇数なので $n-1$ 次の完全グラフ K_{n-1} は $n-1$ 色で彩色が可能である．このとき，K_{n-1} の各頂点の次数は $n-2$ なので，各頂点には，それに接続する辺が使用していない色が 1 つ存在する．よって，星グラフ $K_{1,n-1}$ の各辺にその未使用の色を与えれば（これらの $n-1$ 色が異なることは練習問題 7.5 を見よ），K_n 全体を $n-1$ 色で彩色できる，図 7.17．

最後に，$n = 2$ のときは自明で $\chi'(K_2) = 1$ である．

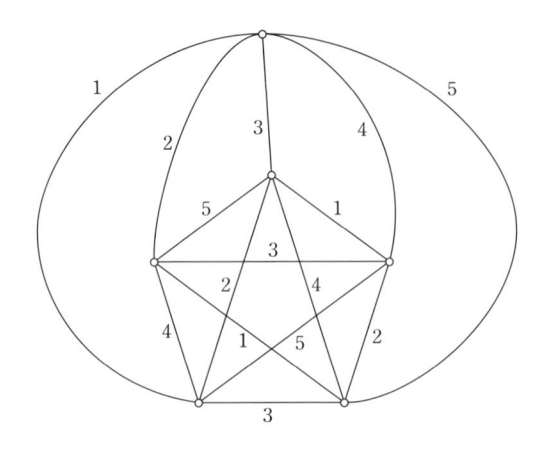

図 7.17 K_6 の K_5 と $K_{1,5}$ への分割

以上をまとめると，完全無向グラフ K_n の辺彩色数 $\chi'(K_n)$ は

n が 3 以上の奇数ならば $\qquad \chi'(K_n) = n$

n が 2 以上の偶数ならば $\qquad \chi'(K_n) = n - 1$

となる．

次に，グラフ G が 2 部グラフの場合の辺彩色数 $\chi'(G)$ について考える．G の頂点の次数の最大値を ρ とする．明らかに

$$\chi'(G) \geq \rho$$

であるが，G を ρ 色で彩色できることを示すことにより (つまり，$\chi'(G) \leq \rho$) 等式

$$\chi'(G) = \rho$$

となることが証明できる．証明は数学的帰納法を用いれば容易である．

2 部グラフ G のある辺 (a,b) を考える．G からこの辺 (a,b) を除去した 2 部グラフ $G - (a,b)$ は数学的帰納法の仮定として ρ 色で辺彩色が可能とする．グラフ $G - (a,b)$ において，頂点 a と b の次数は $\rho - 1$ 以下なので，a に接続する辺全体で未使用の色と b に接続する辺全体で未使用の色がそれぞれ少なくとも 1 つは存在する．それぞれの未使用の 1 色を α と β とする．

$\alpha = \beta$ であれば，辺 (a,b) を色 α で塗れば G は ρ 色で彩色できる．よって，以下，$\alpha \neq \beta$ と仮定する．

2部グラフ $G - (a,b)$ から色 α と β 以外の色の辺を除いた2部グラフを G' とする．例えば，図 7.18 の2部グラフ G と辺 (a,b) を考える．この2部

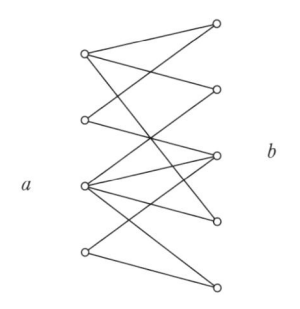

図 7.18 $\rho = 4$ をもつ2部グラフ G

グラフでは $\rho = 4$ である．図 7.19 では $G - (a,b)$ を4色で彩色している．

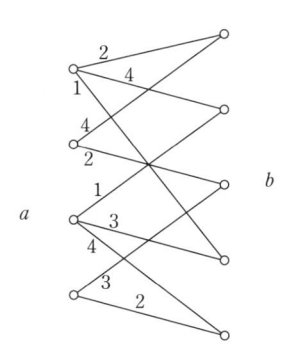

図 7.19 $G - (a,b)$ の 4-彩色，$\alpha = 2, \beta = 4$

ここで，$\alpha = 2$ で $\beta = 4$（または 1）である．2部グラフ G' は図 7.20 の示すとおりである．

2部グラフ G' には，頂点 a から b にいたる経路は存在しない．その理由を述べる．2部グラフ G' において，頂点 a から b にいたる経路があるとすれば，その長さは奇数でなければならない．一方，頂点 a を始点とする経路

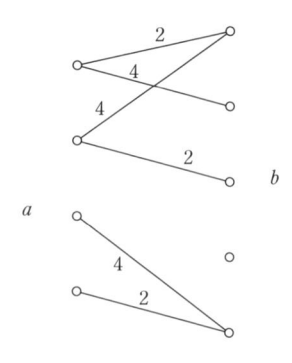

図 7.20 2部グラフ G'

上の辺は順に色 β と α で交互に塗られており，a に接続する辺の色は β で，b に接続する辺の色は α であるので，長さが奇数の経路では頂点 a から b に到達することは不可能である．よって，G' の成分で a を含む成分の辺の色 β と α を交換しても，$G-(a,b)$ の ρ-辺彩色は可能のままである，図 7.21.

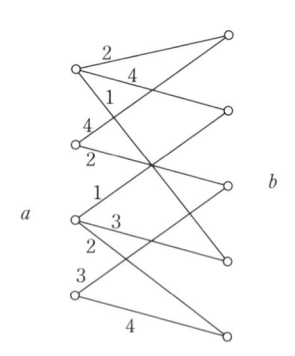

図 7.21 $G-(a,b)$ の 4-辺彩色

この色の交換後，a と b は両方とも，色 β が未使用となるので，辺 (a,b) に色 β を与えれば，G を ρ 色で彩色できる．

練習問題

7.5 n が3以上の奇数のとき，完全グラフ K_n の頂点 $1, 2, \ldots, n$ を順に正 n 角形の図形の頂点 $1, 2, \ldots, n$ となるように配置する．外周の辺

$$(1,2), (2,3), \ldots, (n-1,n), (n,1)$$

に順に色 $1, 2, \ldots, n-1, n$ を与える．このとき，内部の辺

$$(1,3), (1,4), \ldots, (1,n-1)$$

に平行な外周の辺をそれぞれ求めよ．さらに，各辺に，それに平行な外周の辺の色を与えるとき，頂点 1 に接続する辺全体が使用しない色を求めよ．

7.5 ビジングの定理

この最後の節では，一般の単純グラフの辺彩色数について述べる．これに関してはビジング (Vizing) による次の定理が有名である．

> **ビジングの定理** 単純グラフ G の頂点の最大次数を ρ とし，辺彩色数を $\chi'(G)$ とするとき
>
> $$\rho \leq \chi'(G) \leq \rho + 1$$
>
> となる．

G の辺彩色数に ρ 色必要なのは明らかなので，ここで大切なのは $\rho+1$ 色あれば十分ということである．このビジングの定理を証明する前にいくつかの定義や性質を与える．

グラフ $G = (V, E)$ の各辺に単に色を塗ることを，グラフ G の**辺着色**という．辺彩色は辺着色の特別な場合である．辺着色で使用する色の数が k ならば **k-辺着色**という．G の k-辺着色 $\mathcal{C}$ はグラフの辺集合 E を k 個に分割

$$(E_1, \ldots, E_k)$$

していると考えられるので，しばしば，記号で
$$\mathcal{C} = (E_1, \ldots, E_k)$$
と書く．

グラフ $G = (V, E)$ の k-辺着色 $\mathcal{C}$ に対し，各頂点 v に接続する辺全体で使用している色の数を $c(v)$ と書くと，v の次数 $d(v)$ との間に
$$c(v) \leq d(v)$$
という関係が成り立つ．k-辺着色が k-辺彩色であれば，当然，各頂点 $v \in V$ で
$$c(v) = d(v)$$
が成り立つ．$G = (V, E)$ の2つの k-辺着色 $\mathcal{C}, \mathcal{C}'$ に対し
$$\sum_{v \in V} c'(v) > \sum_{v \in V} c(v)$$
ならば $\mathcal{C}'$ を $\mathcal{C}$ の**改良**といい，これ以上改良できない k-辺着色を**最適 k-辺着色**という．明らかに，k-辺彩色は最適 k-辺着色である．

いま，連結グラフ G を2色で辺着色してみる．ただし，G は奇数長の閉路グラフではないとする．このとき，うまく辺を着色すると，次数1のペンダントは除くが，各頂点ではそれに接続する辺は2色を使用することができる．その理由を述べる．頂点の次数がすべて2ならば，G は偶数長の閉路グラフとなるので，この閉路上の辺を順に2色で交互に塗ればよい．G が偶数長の閉路グラフ以外のオイラーグラフであるならば，次数が4以上の頂点が必ず存在する．その頂点を始点かつ終点とするオイラー閉路上の辺を2色で交互に塗れば，各頂点は異なる色の辺に接続する．さらに，G がオイラーグラフでないときは G に新しい頂点 v_0 を加え，次数が奇数の各頂点と v_0 を結んだグラフ G^* を作る．G^* はオイラーグラフとなるので，v_0 を始点かつ終点とするオイラー閉路が存在する．この閉路上の辺を順に2色で交互に塗る．G^* 上で定まった辺彩色を G に限定した辺彩色では，各頂点は2色の辺に接続している．図 7.22 にその一例を示す．

いま述べた結果を利用して，もう1つの結果を導く．グラフ $G = (V, E)$ の最適な k-辺着色を
$$\mathcal{C} = (E_1, \ldots, E_k)$$

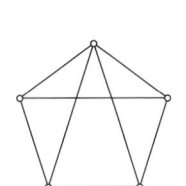

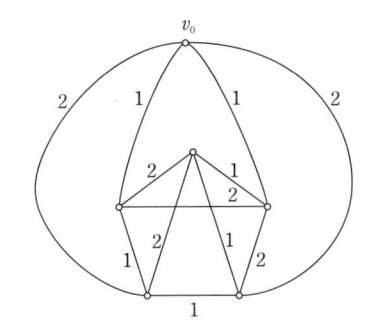

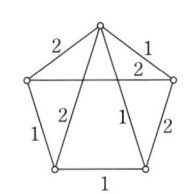

図 7.22 G と G^* と G の 2-辺彩色

とする．ある頂点 u で，u に接続する辺が色 i を使用せず，色 j を 2 回以上（以下の理由により，最適な k-辺着色に対し，色 j の使用回数はちょうど 2 回となる）使用しているとする．このとき，E_i の辺と E_j の辺およびそれらの辺の端点から作られる部分グラフで，頂点 u を含む成分を H とすれば，H は長さが奇数の閉路グラフとなる（このため，色 j はちょうど 2 回使用する）．その理由を述べる．もし，H が奇数長の閉路グラフでないならば，H の辺をうまく着色することにより，ペンダントを除く各頂点でこれに接続する辺が 2 色を使用することができる．この結果生じる新しい k-辺着色を

$$\mathcal{C}' = (E'_1, \ldots, E'_k)$$

とすれば

$$c'(u) = c(u) + 1$$
$$c'(v) \geq c(v) \qquad v \neq u$$

となる．つまり

$$\sum_{v \in V} c'(v) > \sum_{v \in V} c(v)$$

となり，$\mathcal{C}$ の最適性に矛盾する．よって，H は奇数長の閉路グラフとなる．

以上でビジングの定理の証明をする準備ができたので，この定理を以下で証明する．

グラフ $G=(V,E)$ の最適な $(\rho+1)$-辺着色を $\mathcal{C}$ とする．いま，ある頂点 u で，u に接続する辺全体が使用している色の数 $c(u)$ は u の次数 $d(u)$ より小さいと仮定する，つまり

$$c(u) < d(u)$$

と仮定する．このとき，u に接続する $d(u)$ 本の辺は $\rho+1$ 個の色のうち $c(u)$ 個の色しか使用していないので，また

$$c(u) < d(u) < \rho+1$$

なので，使用していない色（$\rho+1$ とする）もあれば 2 回使用している色（1 とする）もある．$d(u)$ 本の辺のうち，色 1 を用いている辺の 1 つを (u,v_1) とする．

ここで，$d(v_1) < \rho+1$ なので，v_1 に接続する $d(v_1)$ 本の辺が使用していない色が必ず存在する．この色は $\rho+1$ ではない．なぜなら，もしその色が $\rho+1$ ならば，辺 (u,v_1) の色を 1 から $\rho+1$ に変更すれば，$\mathcal{C}$ の改良となる（$\mathcal{C}$ は最適と仮定している）からである．もちろん，その使用していない色は 1 でもないので，その色を 2 とする．このとき，u に接続する辺に色 2 を使用しているものが存在しているはずである．もし，存在しなければ，辺 (u,v_1) の色を 1 から 2 に変更すれば，やはり，$\mathcal{C}$ の改良となるからである．この色 2 の辺を (u,v_2) とする．

ここでも，$d(v_2) < \rho+1$ なので，v_2 に接続する $d(v_2)$ 本の辺が使用していない色が必ず存在する．この色は $\rho+1$ ではない．なぜなら，もしその色が $\rho+1$ ならば，辺 (u,v_2) の色を 2 から $\rho+1$ に変更すれば，$\mathcal{C}$ の改良となるからである．もちろん，その使用していない色は 2 でもないので，その色は 1 か，もしくは，別の未定義の色（3 とする）である．このとき，u に接続する辺に色 3 を使用しているものが存在しているはずである．もし，存在しなければ，辺 (u,v_2) の色を 2 から 3 に変更すれば，やはり，$\mathcal{C}$ の改良となるからである．この色 3 の辺を (u,v_3) とする（図 7.23 ）．

このプロセスを続けていくと，色 $1,2,\ldots,l$ および辺 $(u,v_1), (u,v_2), \ldots, (u,v_l)$ を定義することができる（図 7.24 ）．

ここで，$d(v_l) < \rho+1$ なので，v_l に接続する $d(v_l)$ 本の辺が使用していない色が必ず存在する．この色は $\rho+1$ ではない．なぜなら，もしその色が

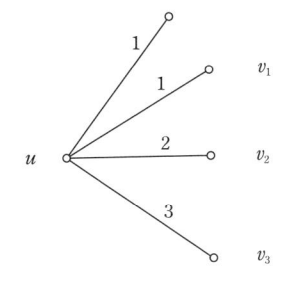

図 7.23 色 1,2,3 および辺 $(u,v_1), (u,v_2), (u,v_3)$

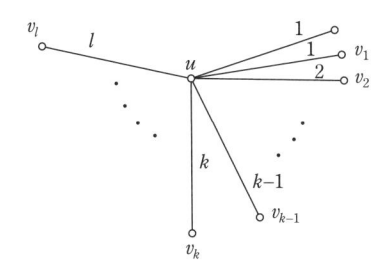

図 7.24 色 $1,2,\ldots,l$ および辺 $(u,v_1), (u,v_2), \ldots, (u,v_l)$

$\rho+1$ ならば, 辺 (u,v_l) の色を l から $\rho+1$ に変更すれば, $\mathcal{C}$ の改良となるからである. もちろん, その使用していない色は l でもないので, その色は既出の $1, 2, \ldots, l-1$ のどれかか, もしくは, 別の未定義の色 ($l+1$ とする) である. しかし, 色は有限個しかないので, 未定義の色 $l+1$ が存在しないこともある. ここでは, 未定義の色 $l+1$ がはじめて存在しなくなったとしよう. すると, $d(v_l)$ 本の辺が使用していない色は既出の $1,2,\ldots,l-1$ のどれかである. いま, その色を $k(1 \leq k \leq l-1)$ とする.

この状態で G の色の塗り変えを行う. 辺 $(u,v_1), (u,v_2), \ldots, (u,v_{k-1})$ の色 $1, 2, \ldots, k-1$ をそれぞれ色 $2, 3, \ldots, k$ で塗り変える. この新しい $(\rho+1)$-辺着色を

$$\mathcal{C}' = (E'_1, \ldots, E'_{\rho+1})$$

とする. このとき, 各 $i(1 \leq i \leq k-1)$ に対し, 辺 (u,v_i) の色 i を, 頂点 v_i に接続する辺が未使用の色 $i+1$ に変えているだけで, また, 頂点 u に接

続する辺の使用する色の数は変わらないので，各頂点 $v \in V$ に関して

$$c'(v) \geq c(v)$$

となっている．$\mathcal{C}$ は最適だったので $\mathcal{C}'$ も最適である．最適な $(\rho+1)$-辺着色 $\mathcal{C}'$ では頂点 u に接続する辺は色 $\rho+1$ を使用せず，色 k を 2 回使用している．よって $E'_{\rho+1}$ の辺と E'_k の辺およびそれらの辺の端点から作られる部分グラフで，頂点 u を含む成分を H' とすれば，H' は長さが奇数の閉路グラフとなる，図 7.25.

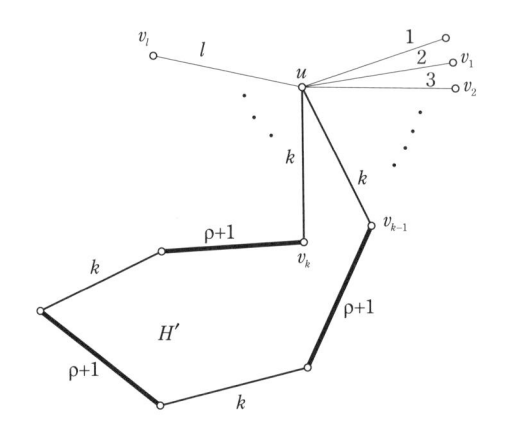

図 **7.25** H' は奇数長の閉路

この状態からさらに，辺 $(u,v_k), (u,v_{k+1}), \ldots, (u,v_{l-1}), (u,v_l)$ の色 k, $k+1, \ldots, l-1, l$ をそれぞれ色 $k+1, k+2, \ldots, l, k$ で塗り変える．この新しい $(\rho+1)$-辺着色を

$$\mathcal{C}'' = (E''_1, \ldots, E''_{\rho+1})$$

とする．このとき，各 $i(k \leq i \leq l)$ に対し，辺 (u,v_i) の色 i を，頂点 v_i に接続する辺が未使用の色 $i+1$ （$i = l$ のときは未使用の色は k）に変えているだけで，また，頂点 u に接続する辺の使用する色の数は変わらないので，各頂点 $v \in V$ に関して

$$c''(v) \geq c'(v) \geq c(v)$$

となっている．$\mathcal{C}$ は最適だったので $\mathcal{C}''$ も最適である．最適な $(\rho+1)$-辺着色 $\mathcal{C}''$ では頂点 u に接続する辺は色 $\rho+1$ を使用せず，色 k を 2 回使用している．よって $E''_{\rho+1}$ の辺と E''_k の辺およびそれらの辺の端点から作られる部分グラフで，頂点 u を含む成分を H'' とすれば，H'' は長さが奇数の閉路グラフとなる．図 7.26．

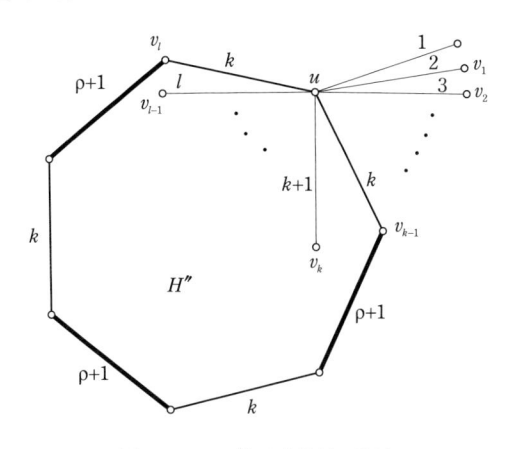

図 7.26 H'' は奇数長の閉路

しかしながら，図 7.25 と図 7.26 では頂点 u に接続する辺の一部分 (u, v_k), ..., (u, v_l) のみの色が変わっただけであるので，図 7.25 の H' で，u から v_{k-1} を通り v_k にいたる経路は，図 7.26 の H'' にも含まれるはずである．しかし，$k \ne l$ なので，H'' が閉路グラフであることに矛盾する．図 7.27．

よって，G の最適な $(\rho+1)$-辺着色 $\mathcal{C}$ に対し，すべての頂点 $v \in V$ で

$$c(v) = d(v)$$

となっており，$\mathcal{C}$ が $(\rho+1)$-辺彩色となっている．つまり

$$\chi'(G) \le \rho + 1$$

となる．以上で，ビジングの定理の証明を終わる．

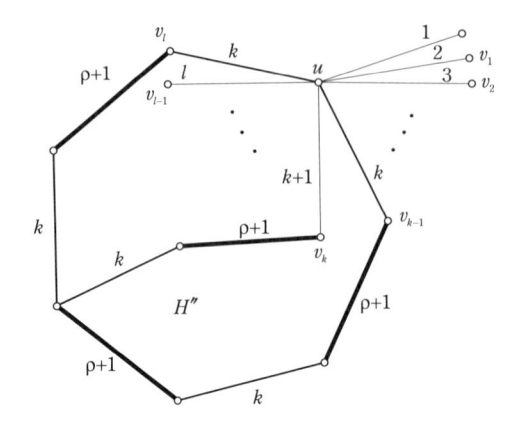

図 7.27 H'' は閉路グラフではない

練習問題

7.6 ピーターセングラフの辺彩色数を求め，その色数で辺彩色せよ．

練習問題の略解

1 章

1.1 有限集合 $A = \{1, 2, 3, 4\}$ のべき集合 $2^A = \mathcal{P}(A)$ は

$$\{\{1,2,3,4\}, \{1,2,3\}, \{1,2,4\}, \{1,3,4\}, \{2,3,4\}, \{1,2\}, \{1,3\}, \{1,4\},$$
$$\{2,3\}, \{2,4\}, \{3,4\}, \{1\}, \{2\}, \{3\}, \{4\}, \{\ \}\}$$

で，その基数は

$$|2^A| = 16$$

となる．

1.2 有限集合 $A = \{1, 2, \ldots, n\}$ に関して，べき集合の基数に関する公式

$$|2^A| = 2^{|A|}$$

を数学的帰納法を用いて証明する．$n = 1$ のときは明らかに成り立つ．$n = k$ のとき

$$|2^{\{1,\ldots,k\}}| = 2^{|\{1,\ldots,k\}|} = 2^k$$

が成り立つとする．$n = k+1$ のとき，べき集合 $2^{\{1,\ldots,k+1\}}$ の要素は $k+1$ を含むものと含まないものがそれぞれ同数存在する．つまり，それぞれ 2^k 個存在する．よって

$$|2^{\{1,\ldots,k+1\}}| = 2^k \times 2 = 2^{k+1} = 2^{|\{1,\ldots,k+1\}|}$$

となる．

1.3 (1) $\{0, 1, 2\}$ と $\{1, 1, 0, 2, 2, 2\}$ は同じ．

(2) $\{0, 1, 2\} \cup \emptyset$ と $\{0, 1, 2\} \cup \{\emptyset\}$ は異なる．前者の基数は 3 であるが，後者は 4 に注意．

(3) $\{0, 1, 2\} \setminus \{0, 1, 2, 3\}$ と $\{\ \}$ は同じ．

1.4 ド・モルガンの法則 $\overline{A \cup B} = \bar{A} \cap \bar{B}$ を証明する．$x \in \overline{A \cup B}$ とする．これは $x \notin A \cup B$ に同じ．x は A または B に属さないということであるが，言い換えると，x は A にも B にも属さない．つまり，x は A に属さず，しかも，x は B にも属さない．つまり，$x \notin A$ かつ $x \notin B$．$x \in \bar{A}$ かつ $x \in \bar{B}$．つまり，$x \in \bar{A} \cap \bar{B}$．

1.5 (1) $A \cup B = D$ とおくと，$\overline{A \cup B \cup C} = \overline{D \cup C} = \bar{D} \cap \bar{C}$ となる．さらに，$\bar{D} = \overline{A \cup B} = \bar{A} \cap \bar{B}$ なので $\overline{A \cup B \cup C} = \bar{D} \cap \bar{C} = \bar{A} \cap \bar{B} \cap \bar{C}$ となる．

(2) $\bigcup_{i=1}^{k} A_i = D$ とおき $\overline{\bigcup_{i=1}^{k} A_i} = \bigcap_{i=1}^{k} \overline{A_i}$ と仮定する．すると

$$\overline{\bigcup_{i=1}^{k+1} A_i} = \overline{\bigcup_{i=1}^{k} A_i \cup A_{k+1}}$$
$$= \overline{D \cup A_{k+1}}$$
$$= \bar{D} \cap \overline{A_{k+1}}$$
$$= \overline{\bigcup_{i=1}^{k} A_i} \cap \overline{A_{k+1}}$$
$$= \bigcap_{i=1}^{k} \overline{A_i} \cap \overline{A_{k+1}}$$
$$= \bigcap_{i=1}^{k+1} \overline{A_i}$$

となる．

1.6 f が全射でないと仮定する．すると，集合 $f(A)$ に属さない要素 $b \in B$ が存在する．g は単射なので，ある $y \in B$ に対し $g(y) = g(b)$ となるとき必ず $y = b$ となる．いま $b \notin f(A)$ なので $(g \circ f)(x) = g(b)$ となる $x \in A$ は存在しない．$g(b) \in C$ なので $g \circ f$ が全射であることに矛盾する．よって f は全射．

次に，g が全射でないと仮定する．すると，集合 $g(B)$ に属さない要素 $c \in C$ が存在する．f は全射ということはすでに証明したので，$B = f(A)$ である．つまり $(g \circ f)(A)$ に属さない $c \in C$ が存在する．しかし，このことは $g \circ f$ が全射であることに矛盾する．よって g も全射．

1.7 (1) では $y \in f(A \cup B)$ と仮定し，(2) では $y \in f(A \cap B)$ と仮定する．

(1) $y \in f(A \cup B) \iff y = f(x)$ となる x で $x \in A \cup B$ となる x が存在する．$\iff y = f(x)$ となる x で $x \in A$ または $x \in B$ となる x が存在する．$\iff y \in f(A)$ または $y \in f(B) \iff y \in f(A) \cup f(B)$

(2) $y \in f(A \cap B) \iff y = f(x)$ となる x で $x \in A \cap B$ となる x が存在する. $\iff y = f(x)$ となる x で $x \in A$ かつ $x \in B$ となる x が存在する. $\implies$（必要十分でないことに注意）$y = f(x)$ となる x で $x \in A$ となる x が存在する. なおかつ, $y = f(x')$ となる x' で $x' \in B$ となる x' が存在する. $\iff y \in f(A)$ かつ $y \in f(B) \iff y \in f(A) \cap f(B)$

1.8 (1) では $x \in f^{-1}(C \cup D)$ と仮定し, (2) では $x \in f^{-1}(C \cap D)$ と仮定する.

(1) $x \in f^{-1}(C \cup D) \iff f(x) \in C \cup D \iff f(x) \in C$ または $f(x) \in D$ $\iff x \in f^{-1}(C)$ または $x \in f^{-1}(D) \iff x \in f^{-1}(C) \cup f^{-1}(D)$

(2) $x \in f^{-1}(C \cap D) \iff f(x) \in C \cap D \iff f(x) \in C$ かつ $f(x) \in D$ $\iff x \in f^{-1}(C)$ かつ $x \in f^{-1}(D) \iff x \in f^{-1}(C) \cap f^{-1}(D)$

1.9 (1) $x \in A$ と仮定する. $f(A)$ の定義より $f(x) \in f(A)$ となる. つまり, $x \in A \implies$（必要十分でないことに注意）$f(x) \in f(A)$. f^{-1} の定義式で $V = f(A)$ とおくと
$$f^{-1}(f(A)) = \{ x \mid f(x) \in f(A) \}$$
となるので, $f(x) \in f(A) \iff x \in (f^{-1} \circ f)(A)$ となる. よって, $A \subseteq (f^{-1} \circ f)(A)$ となる.

(2) $B \subseteq Y$ に対して
$$f^{-1}(B) = \{ x \mid f(x) \in B \}$$
なので $f^{-1}(B) \subseteq X$ となる. いま, f の定義で $U = f^{-1}(B)$ とおくと
$$f(f^{-1}(B)) = (f \circ f^{-1})(B) = \{ f(x) \mid x \in f^{-1}(B) \}$$
となる. よって, $y \in (f \circ f^{-1})(B) \iff y = f(x), x \in f^{-1}(B)$ となる. $f^{-1}(B)$ の定義より $y = f(x), x \in f^{-1}(B) \implies$（必要十分でないことに注意）$y \in B$ となる. よって, $B \supseteq (f \circ f^{-1})(B)$ となる.

(3) $C \subseteq f(X)$ なので, 任意の $y \in C$ に対して $y = f(x)$ となる $x \in X$ が存在する.
$$f^{-1}(C) = \{ x \mid f(x) \in C \}$$
なので $y = f(x) \in C \iff x \in f^{-1}(C)$ となる. $f^{-1}(C) \subseteq X$ なので $U = f^{-1}(C)$ とおくと
$$f(f^{-1}(C)) = (f \circ f^{-1})(C) = \{ f(x) \mid x \in f^{-1}(C) \}$$
なので $x \in f^{-1}(C) \iff y = f(x) \in (f \circ f^{-1})(C)$ となる. ゆえに, $C = (f \circ f^{-1})(C)$ となる.

1.10 自然数全体の集合 $\mathbf{N}$ 上の関係 R

$$R = \{\,(i, i+1) \mid i \in \mathbf{N}\,\}$$

は値が 1 異なる 2 数値間に設定されている．だから，関係

$$R^2 = R \circ R = \{\,(i, i+2) \mid i \in \mathbf{N}\,\}$$

は値が 2 異なる 2 数値間に存在する．よって，関係

$$R^n = \overbrace{R \circ \cdots \circ R}^{n\,\text{回}} = \{\,(i, i+n) \mid i \in \mathbf{N}\,\}$$

は値が n 異なる 2 数値間に存在する．このことから

$$R^+ = \bigcup_{n=1}^{\infty} R^n = \{\,(i,j) \mid i < j, i \in \mathbf{N}\, j \in \mathbf{N}\,\}$$

となる．

1.11 (1) $y = 2x$ は反射的でなく，対称的でなく，推移的でない．

(2) $y = x^2$ は反射的でなく，対称的でなく，推移的でない．

(3) $xy \equiv 1 \pmod{2}$ は反射的でなく，対称的で，推移的である．

(4) $x + y \equiv 0 \pmod{2}$ は反射的で，対称的で，推移的である．

(5) $\gcd(x,y) = y$ は反射的で，対称的でなく，推移的である．

1.12 R と S は対称的関係で，$R \circ S \subseteq S \circ R$ が成り立つとき，$R \circ S = S \circ R$ を示す．このためには $S \circ R \subseteq R \circ S$ を示せばよい．

いま，$(x,y) \in S \circ R$ つまり $x(S \circ R)y$ と仮定する．すると，xSz, zRy となる z が存在する．R と S は対称的関係なので zSx, yRz となる．つまり $y(R \circ S)x$ が成り立つ．$R \circ S \subseteq S \circ R$ なので $y(S \circ R)x$ が成り立つ．すると，ySz', $z'Rx$ となる z' が存在する．S と R は対称的関係なので $z'Sy$, xRz' となる．よって，$x(R \circ S)y$ つまり $(x,y) \in R \circ S$ が成り立つ．これは $S \circ R \subseteq R \circ S$ を示している．

2 章

2.1

(0, 0, 8), (3, 0, 5), (0, 3, 5), (0, 5, 3), (3, 5, 0), (3, 3, 2), (3, 2, 3), (1, 5, 2), (0, 2, 6), (1, 0, 7), (2, 0, 6), (0, 1, 7), (2, 5, 1), (3, 1, 4), (3, 4, 1), (0, 4, 4)

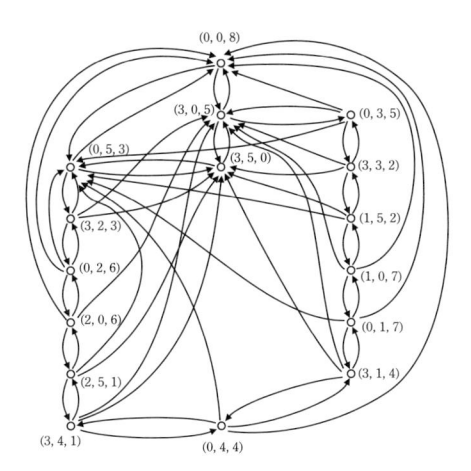

2.2

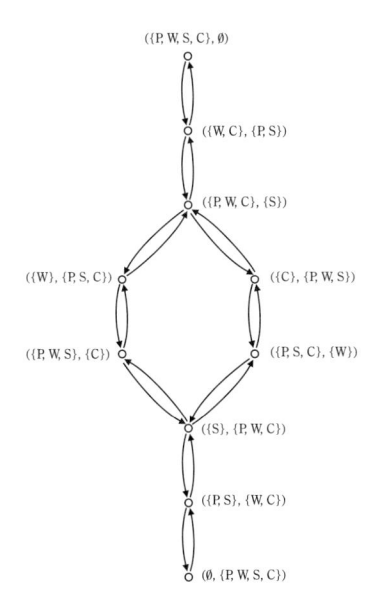

({P, W, S, C}, ∅), ({W, C}, {P, S}), ({P, W, C}, {S}), ({W}, {P, S, C}), ({C}, {P, W, S}), ({P, W, S}, {C}), ({P, S, C}, {W}), ({S}, {P, W, C}), ({P, S}, {W, C}), (∅, {P, W, S, C})

2.3 各辺はその両端点の次数に対しそれぞれ1度寄与する．つまり，各辺は頂点の次数に2度寄与するので，すべての頂点の次数の総和は辺の総和の2倍である．だから，頂点の次数の総和は偶数で，次数が奇数の頂点はまったく存在しないか，もしくは，偶数個存在しなければならない．

2.4 非連結ならば各連結成分ごとに分けて考えればよいので，グラフは連結とする．単

130　練習問題の略解

純連結グラフの頂点数を n とする．1つの頂点と他の頂点を隣接させる辺は最大で $n-1$ 本なので，次数は1から $n-1$ まで，最大で $n-1$ 種類である．一方，頂点は n 個なのでどうしても同じ次数の頂点が存在する．

2.5 ある1頂点を赤色に塗り，それに隣接する頂点をすべて青色に塗る．さらに，これらの青色の頂点のどれかに隣接する，かつ，まだ色を塗っていない頂点をすべて赤色に塗る．以上の操作を続けるとすべての頂点が赤色か青色に塗り分けられる．同色の2頂点間に辺が存在していれば，例えば

$$\text{赤, 青, 赤, 青, 青, 赤, 青, 赤}$$

という長さ7の閉路が存在する．一般に，同色の2頂点間に辺が存在していれば，そのときに生じる閉路の長さは奇数となり，矛盾が生じる．よって，同色の2頂点間には辺が存在しない．つまり，各辺の両端点は異なる色となっている．これはグラフが2部グラフであることを意味する．

3 章

3.1 無向グラフ G の ω 個の木の頂点数をそれぞれ $n_1, n_2, \ldots, n_\omega$ とする．このとき，それぞれの木の辺の数は $n_1-1, n_2-1, \ldots, n_\omega-1$ となるので，この林のグラフの辺の総和は

$$(n_1-1)+(n_2-1)+\cdots+(n_\omega-1) = (n_1+n_2+\cdots+n_\omega)-\omega$$
$$= n-\omega$$

となる．

3.2 木 $T=(N,B)$ を考える．頂点の次数の総和は辺の数の2倍であったので $\sum_{v \in N} d(v) = 2|B|$ となる．いま，木のグラフにペンダントは存在しないと仮定すると，すべての頂点の次数は $d(v) \geq 2$ となるので $2|N| \leq 2|B|$ となるが，$|B|=|N|-1$ なので，矛盾が生じる．よってペンダントは1つ以上存在する．ペンダントが1つしかないと仮定しても同様の矛盾が生じるので，木のグラフには少なくとも2つのペンダントが存在する．

3.3 木に関する6つの命題 (1),(2),...,(6) が同じであることを示す．

(1)$\Longrightarrow$(2)　T が木であるのでもちろん閉路を含まない．$m=n-1$ であることはすでに本文で示した．

(2)$\Longrightarrow$(3)　T は閉路を含まず，$m=n-1$ であるならば T は連結であることを示す．T は非連結で2つの成分 T_1, T_2 から構成されていると仮定する．成分数が3以上のときも同様にできるので，成分数が2のときのみを考える．T は閉路を含まないので，連結成分 T_1, T_2 も当然閉路を含まない．よって，T_1, T_2 は木

となる.このとき,T_1, T_2 の頂点数をそれぞれ n_1, n_2 辺数をそれぞれ m_1, m_2 とすれば

$$m = m_1 + m_2 = (n_1 - 1) + (n_2 - 1) = (n_1 + n_2) - 2 = n - 2$$

となり矛盾が生じる.よって,T は連結である.

(3)$\Longrightarrow$(4) T が連結であり,$m = n - 1$ であるならば,T のどの辺も橋であることを示す.T に橋でない辺が存在すると仮定する.T から橋でない 1 辺を取り除いたグラフは連結で,頂点数が n で,辺数は $n-2$ となる.1 つの頂点を他の頂点に隣接させるには,少なくとも 1 辺必要なので,連結グラフは少なくとも $n-1$ 本の辺が必要である.連結グラフの辺数が $n-2$ であったので矛盾が生じている.よって,T のどの辺も橋となる.

(4)$\Longrightarrow$(5) T は連結であり,T のどの辺も橋であるならば,T の任意の 2 頂点はちょうど 1 つの経路で結ばれていることを示す.仮に,2 つの経路で結ばれた 2 頂点が存在すれば,グラフ T に閉路が存在する.これは T のどの辺も橋であることに矛盾する.

(5)$\Longrightarrow$(6) T の任意の 2 頂点がちょうど 1 つの経路で結ばれているならば,T は閉路を含まず,T の任意の 2 頂点を辺で結ぶと,1 つの閉路ができることを示す.T に閉路があれば,この閉路上の異なる 2 頂点は 2 つの経路で結ばれることになるので,T に閉路は存在しない.2 頂点を 1 本の辺で結ぶと,この 2 頂点を結ぶ 1 つの経路とその 1 辺で閉路が構成されることは明らか.

(6)$\Longrightarrow$(1) T は閉路を含まず,T の任意の 2 頂点を辺で結ぶと,1 つの閉路ができるならば,T は木であることを示す.いま,T は木でないと仮定する.T は閉路を含まないとしているので T は非連結である.異なる成分間に辺を付加しても閉路ができないので矛盾が生じる.よって,T は木である.

3.4 (1) $B_1 = \{(1,4),(2,3),(3,4),(3,7),(4,8),(5,9),(6,7),(8,9),(8,10)\}$ に対する木のグラフを図に示す.また頂点列 $\boldsymbol{s} = (s_1, s_2, \ldots, s_8) = (1,2,5,6,7,3,4,9)$ と頂点列 $\boldsymbol{t} = (t_1, t_2, \ldots, t_8) = (4,3,9,7,3,4,8,8)$ を与える.

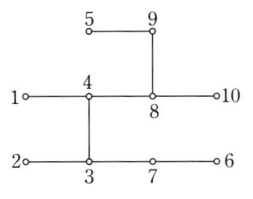

(2) $B_2 = \{(1,4),(2,5),(3,4),(4,5),(4,6),(4,7),(5,8),(6,9),(9,10)\}$ に対する木のグラフを図に示す.また頂点列 $\boldsymbol{s} = (s_1, s_2, \ldots, s_8) = (1,2,3,7,8,5,4,6)$ と頂点列 $\boldsymbol{t} = (t_1, t_2, \ldots, t_8) = (4,5,4,4,5,4,6,9)$ を与える.

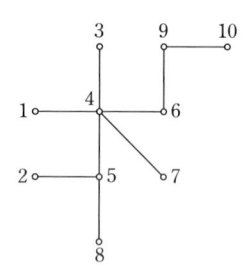

(3) $B_3 = \{(1,5), (2,6), (3,6), (4,5), (5,6), (5,8), (6,7), (6,9), (6,10)\}$ に対する木のグラフを図に示す．また頂点列 $\boldsymbol{s} = (s_1, s_2, \ldots, s_8) = (1, 2, 3, 4, 7, 8, 5, 9)$ と頂点列 $\boldsymbol{t} = (t_1, t_2, \ldots, t_8) = (5, 6, 6, 5, 6, 5, 6, 6)$ を与える．

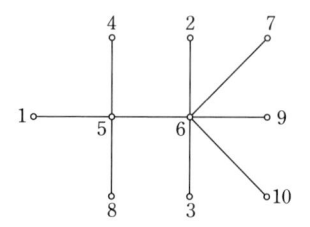

3.5 (1) $(t_1, t_2, \ldots, t_8) = (5, 8, 7, 3, 5, 7, 5, 2)$ から頂点列 $\boldsymbol{s} = (s_1, s_2, \ldots, s_8) = (1, 4, 6, 8, 3, 9, 7, 5)$ が作られる．これに対する木のグラフを図に示す．

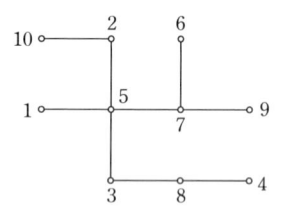

(2) $(t_1, t_2, \ldots, t_8) = (7, 7, 7, 4, 1, 3, 7, 4)$ から頂点列 $\boldsymbol{s} = (s_1, s_2, \ldots, s_8) = (2, 5, 6, 8, 9, 1, 3, 7)$ が作られる．これに対する木のグラフを図に示す．

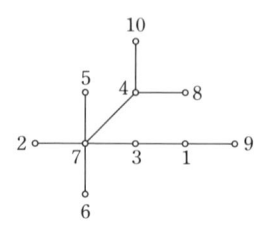

(3) $(t_1, t_2, \ldots, t_8) = (1, 2, 3, 4, 4, 3, 2, 1)$ から頂点列 $\boldsymbol{s} = (s_1, s_2, \ldots, s_8) = (5, 6, 7, 8, 9, 4, 3, 2)$ が作られる．これに対する木のグラフを図に示す．

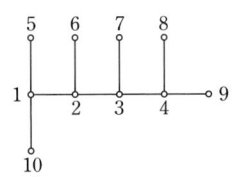

3.6 無向完全グラフ K_5 の異なる全域木 125 個の一部を図に示す．

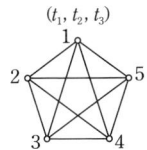

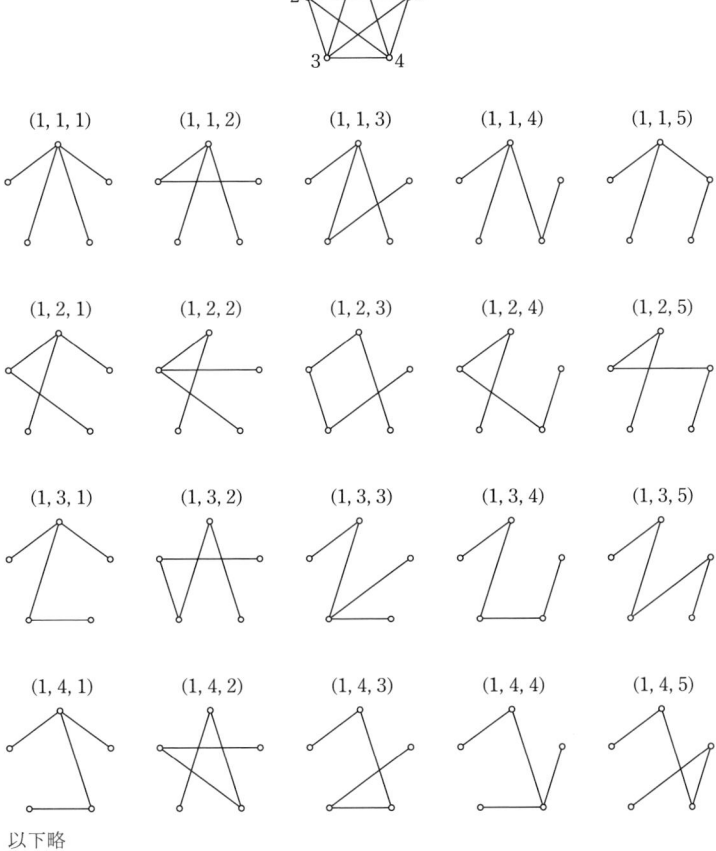

以下略

4 章

4.1 頂点の次数の総和は辺の総和の 2 倍であることを利用する．各頂点の次数は n で，頂点の総数は 2^n なので

$$n \times 2^n = 2 \times 辺の総数$$

より

$$辺の総数 = n \times 2^{n-1}$$

である．

4.2 5 次元の超立方体グラフ Q_5 を図に示す．

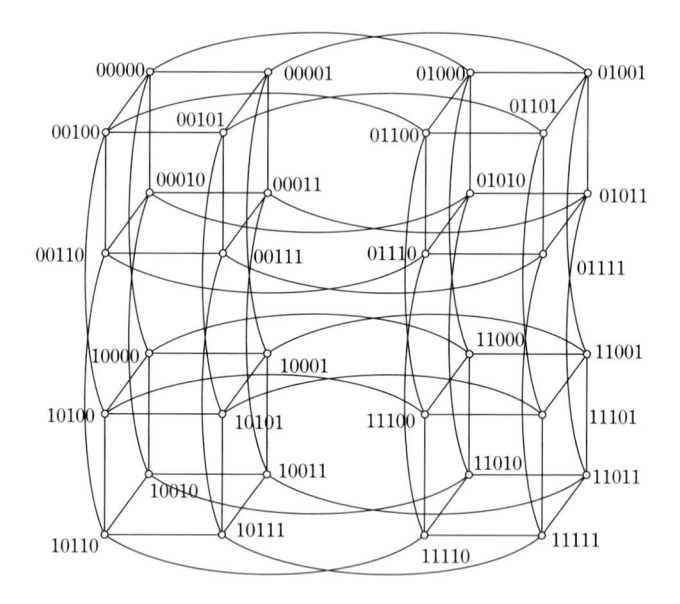

4.3 Q_4 は頂点が $*0**$ の Q_3 と頂点が $*1**$ の Q_3 を含んでいる．ここで，$*$ は 0 もしくは 1 を示している．頂点 1010 と頂点 0001 はどちらも $*0**$ の Q_3 に含まれているので，これらの頂点と，これらの頂点に接続するすべての辺を除去したグラフは，頂点が $*1**$ の Q_3 を含んでいる．

4.4 互いに 1 の補数となる 4 ビットの数に対応する 2 頂点を選択すればよい．例えば，0100 と 1011 を選べばよい．

4.5 例えば，次の 5 頂点をグラフ Q_4 から除去すれば，部分グラフとして Q_2 を 1 つも含まない．頂点：0000, 0111, 1001, 1010, 1100 の 5 つ．

4.6 距離行列は

$$D = \begin{pmatrix} & \mathbf{000} & \mathbf{001} & \mathbf{010} & \mathbf{011} & \mathbf{100} & \mathbf{101} & \mathbf{110} & \mathbf{111} \\ \mathbf{000} & 0 & 1 & 1 & 2 & 1 & 2 & 2 & 3 \\ \mathbf{001} & 1 & 0 & 2 & 1 & 2 & 1 & 3 & 2 \\ \mathbf{010} & 1 & 2 & 0 & 1 & 2 & 3 & 1 & 2 \\ \mathbf{011} & 2 & 1 & 1 & 0 & 3 & 2 & 2 & 1 \\ \mathbf{100} & 1 & 2 & 2 & 3 & 0 & 1 & 1 & 2 \\ \mathbf{101} & 2 & 1 & 3 & 2 & 1 & 0 & 2 & 1 \\ \mathbf{110} & 2 & 3 & 1 & 2 & 1 & 2 & 0 & 1 \\ \mathbf{111} & 3 & 2 & 2 & 1 & 2 & 1 & 1 & 0 \end{pmatrix}$$

となる．よって，直径は 3 となる．

4.7 超立方体グラフ Q_n の 2 頂点 v_i, v_j のもつ n ビットの数字がそれぞれ $a_{n-1}a_{n-2}\ldots a_0$, $b_{n-1}b_{n-2}\ldots b_0$ とする．$c_k \equiv a_k + b_k \pmod{2}$ と定義すれば距離行列 D の (v_i, v_j) 要素は

$$d_{v_i v_j} = \sum_{k=0}^{n-1} c_k$$

と表される．これの最大値はすべての k に対し $c_k = 1$ のときである．よって，直径は n となる．

4.8 $n = 7, s = 3$ のコーダルリングの図．このグラフの直径は 3 となる．

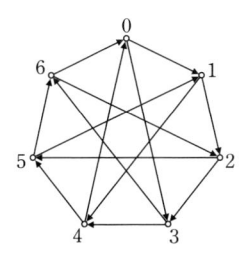

4.9 $n = 8, s = 2, 3, \ldots, 7$ としたコーダルリングの図を 6 つと，それぞれの直径を与える．

(a) $s = 2$
直径 $= 4$

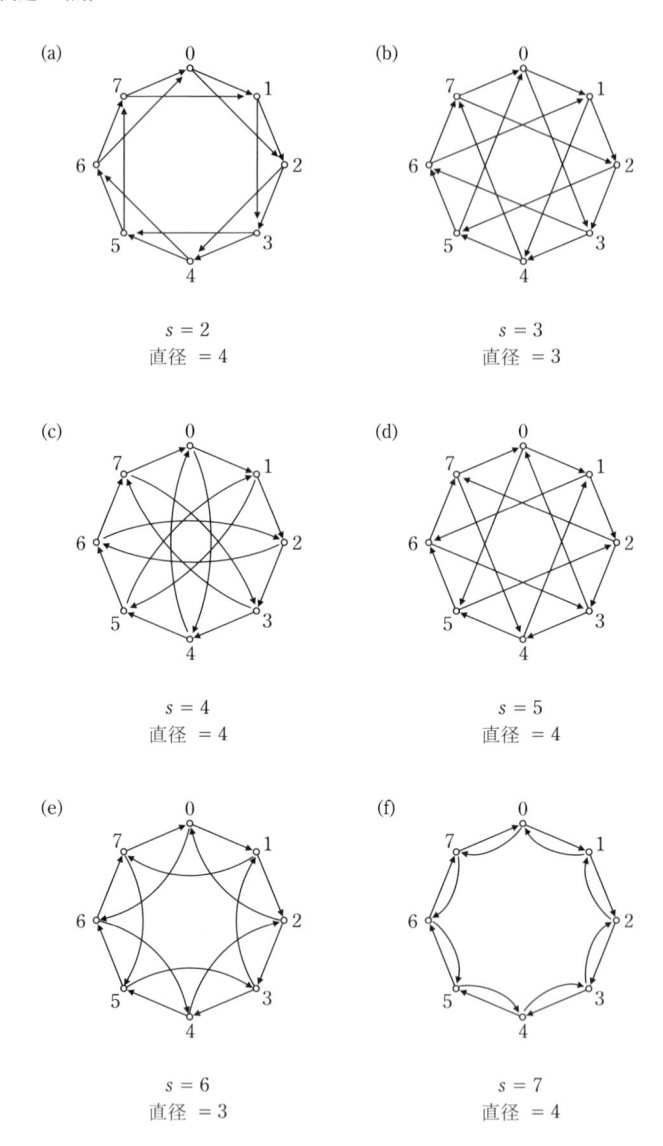

(b) $s = 3$
直径 $= 3$

(c) $s = 4$
直径 $= 4$

(d) $s = 5$
直径 $= 4$

(e) $s = 6$
直径 $= 3$

(f) $s = 7$
直径 $= 4$

4.10 $n = 12$, $d = 2$ とした準直径最小グラフの図を与える．その直径は 3 となる．

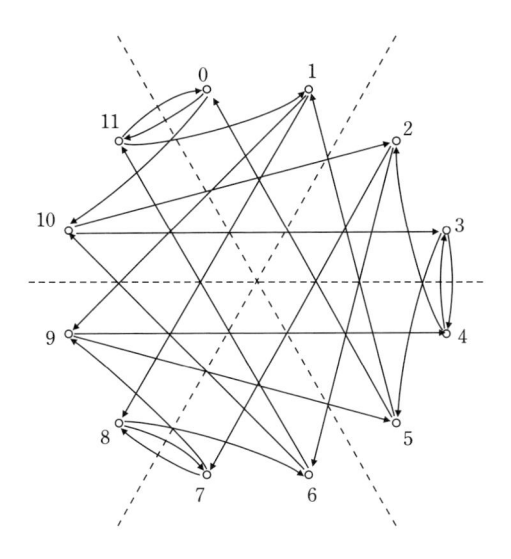

練習問題の略解　137

5 章

5.1 以下に一筆書きを与える．

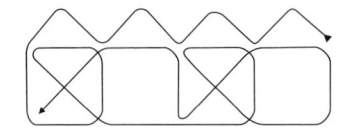

5.2 以下に一筆書きを与える．

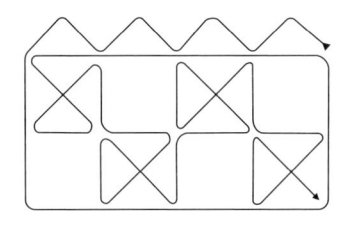

5.3 ある頂点を選び v_1 とする．次数はすべて 2 以上なので，v_1 に隣接する頂点が存在する，それを v_2 とする．v_2 に隣接する v_1 でない頂点が存在するので，これを v_3 とする．以下同様に，$v_3, v_4, \ldots$ が定義できる．頂点数は有限なので $v_i = v_j$ となる $i < j$ が存在する．このとき $v_i, v_{i+1}, \ldots, v_j$ が閉路となる．

5.4 グラフ G には閉路が少なくとも1つ存在する．これを C とする．グラフ G から閉路 C の辺をすべて除去したグラフ $G-C$ はいくつかの連結成分に分けられるが，いま，それぞれの各成分を G_k と書く．これらは1頂点のみか，2頂点以上の連結成分である．2頂点以上の各成分はもとのグラフ G の真部分グラフで各頂点の次数が偶数になっていることに注意．閉路の各頂点の次数は2なので，数学的帰納法の仮定として，各成分はオイラーグラフと考えてよい．閉路 C の任意の頂点からスタートし，その閉路を一巡する途中に成分 G_k と出会えばその成分の一筆書きを実行し，スタートの頂点まで戻ってくればよい．

5.5 グラフ G はオイラーグラフであることに注意する．よって，G はオイラー閉路をもつが，これを E とする．E は閉路を少なくとも1つもつ．その1つの閉路 C_1 をオイラー閉路 E から除去する．それを $E-C_1$ とする．$E-C_1$ は空グラフかもしくは少なくとも1つ閉路 C_2 をもつ．この閉路を $E-C_1$ から除去して得られるグラフ $E-C_1-C_2$ は空グラフか少なくとも1つ閉路 C_3 をもつ．以下同様にすれば，グラフ G は互いに素な閉路 $C_1, C_2, \ldots$ に分割されることがわかる．実際例は省略する．

5.6 頂点 t を始点に頂点 s を終点にもつ多重辺を k 本グラフに追加する．その結果生じるグラフには，オイラー閉路が存在する．そのオイラー閉路は頂点 s から頂点 t を訪れるプロセスを k 回繰り返すはずである．よって，頂点 s から頂点 t までの，辺に関して互いに素な経路が合計 k 本存在する

5.7 ディスクの回転量を知るための，円周上の32ビット列として，例えば

$$00000 \quad 10001 \quad 10010 \quad 10011 \quad 10101 \quad 10111 \quad 11$$

が考えられる．前から順に5ビットずつ，読み取ると32個の異なる数 (0, 1, 2, 4, 8, 17, 3, 6,...) が得られる．他にも，いろいろ考えられる．

5.8 頂点110を始点とし頂点011を終点とするオイラー経路より，求めるビット列は

$$11011 \quad 11100 \quad 011$$

となる．

5.9 頂点101を始点とし頂点100を終点とするオイラー経路より，求めるビット列は

$$10110 \quad 11011 \quad 01111 \quad 00100$$

となる．

5.10 この DNA 鎖の塩基配列は

$$\text{CAGTGAAAAGTCA}$$

となる．

6 章

6.1 ヒントに与えられた図 6.12 より明らか．

6.2 平面グラフ G の成分 j の頂点数を n_j，辺数を m_j，面数を f_j とすると

$$n_j - m_j + f_j = 2$$

となる．よって

$$\sum_{j=1}^{k} n_j - \sum_{j=1}^{k} m_j + \sum_{j=1}^{k} f_j = 2\sum_{j=1}^{k}$$

となるが，ここで面の数について注意がいる．つまり

$$\sum_{j=1}^{k} f_j \neq f$$

ということである．これは各成分では無限面を 1 つずつ，別々に勘定に入れているが，非連結グラフ全体を 1 つのグラフとみなしているので，1 つの無限面のみを計算に入れ，他の $k-1$ 個の無限面は勘定から除外する必要がある．つまり

$$\sum_{j=1}^{k} f_j = f + (k-1)$$

である．よって

$$\sum_{j=1}^{k} n_j - \sum_{j=1}^{k} m_j + \sum_{j=1}^{k} f_j = 2\sum_{j=1}^{k}$$
$$n - m + f + (k-1) = 2k$$
$$n - m + f = k + 1$$

となる．

6.3 平面的グラフの各面の次数が 5 以上であれば

$$5f \leq 2m$$

となる．オイラーの公式は

$$n - m + f = 2$$

なので，両辺を 5 倍すると

$$5n - 5m + 5f = 10$$

となる．よって
$$5n - 5m + 2m \geq 10$$
つまり
$$3m \leq 5n - 10$$
となる．ピーターセングラフは $n = 10, m = 15$ なので，これらを間近の不等式に代入すると 左辺 $= 3 \times 15 = 45$，右辺 $= 5 \times 10 - 10 = 40$ となり矛盾が生じる．ゆえに，ピーターセングラフは平面的グラフではない．

7 章

7.1 以下に，3つの図を与える．(a) は，グレッチュのグラフから次数が5の頂点とそれに接続する辺をすべて除去したグラフが3色で彩色できることを示す図．(b) は，次数が4の1頂点とそれに接続する辺をすべて除去したグラフが3色で彩色できることを示す図．(c) は，次数が3の1頂点とそれに接続する辺をすべて除去したグラフが3色で彩色できることを示す図．

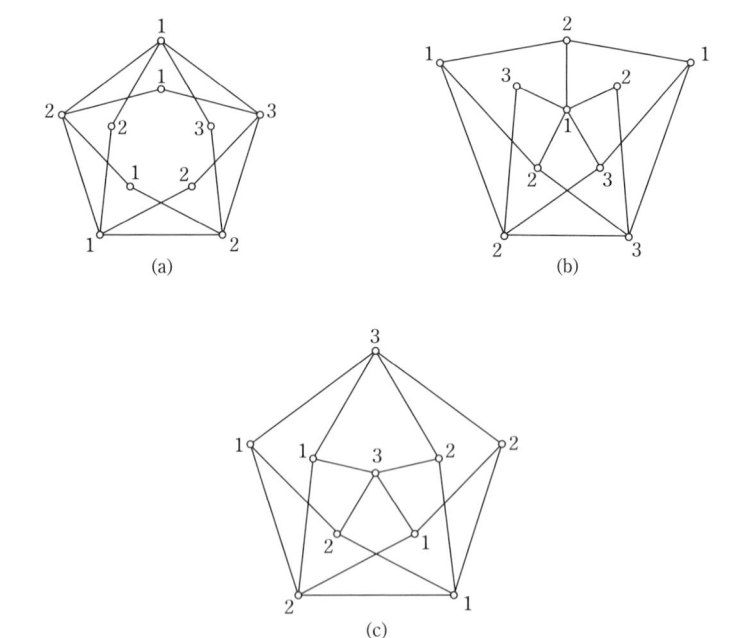

7.2 グレッチュのグラフを4色で彩色する．

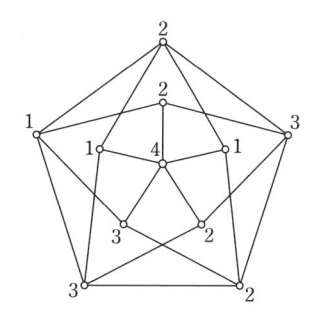

練習問題の略解　141

7.3 グラフ G が彩色数 χ で臨界ならば，すべての頂点 v の次数は

$$d(v) \geq \chi - 1$$

なので，また，頂点の次数の総和は辺の総数の 2 倍なので

$$n(\chi - 1) \leq 2m$$

となる．

7.4 図 7.12 の彩色数 $\chi = 4$ である．4 色で彩色する．

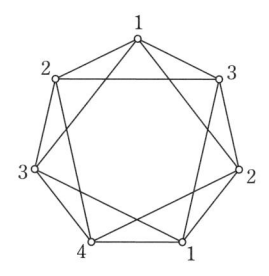

7.5 p を 2 以上の整数として，頂点数 $n = 2p + 1$ とおく．このとき，内部の辺

$$(1,3), (1,4), (1,5), (1,6), \ldots, (1, 2p-1), (1, 2p)$$

に平行な外周の辺はそれぞれ

$$(p+2, p+3), (2,3), (p+3, p+4), (3,4), \ldots, (2p, 2p+1), (p, p+1)$$

となる．これらが着色される色はそれぞれ

$$p+2, 2, p+3, 3, \ldots, 2p, p$$

となる．頂点 1 に接続する外周の辺 $(1,2), (2p+1, 1)$ はそれぞれ色 $1, 2p+1$ で塗られているので，頂点 1 に接続する辺全体が使用しない色は $p+1$ である．

7.6 ピーターセングラフの辺彩色数は 4 である．4 色で辺彩色する．

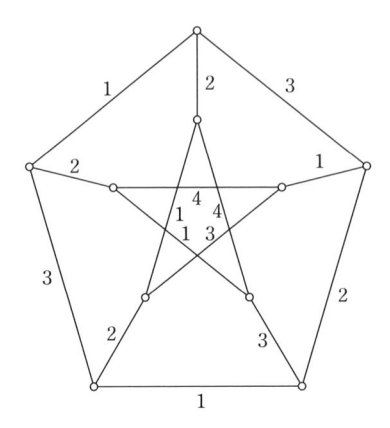

参考文献

本書の執筆に際し，参考にした日本語の文献のいくつかを以下に示す．

[1] 伊理正夫，藤重 悟:「応用代数」コロナ社，1998.

[2] 大山達雄:「パワーアップ離散数学」共立出版，1997.

[3] 小野寛晰:「情報代数」共立出版，1994.

[4] 久馬栄道:「数学基礎論入門」共立出版，1995.

[5] 野崎昭弘:「離散系の数学」近代科学社，1980.

[6] 浜田隆資，秋山 仁:「グラフ理論要説」槇書店，1982.

[7] R. J. ウィルソン（斎藤伸自，西関隆夫訳):「グラフ理論入門」近代科学社，1985.

[8] N. ハーツフィールド，G. リンゲル（鈴木晋一訳):「グラフ理論入門」サイエンス社，1992.

[9] J. A. ボンディ，U. S. R. マーティ（立花俊一，奈良知恵，田澤新成訳):「グラフ理論への入門」共立出版，1991.

索　引

ア　行

1対1の写像, 12
1の補数, 48

上への写像, 12

枝, 31

オイラーグラフ, 62
オイラー経路, 60
オイラー閉路, 62

カ　行

改良, 118
拡大, 13
合併集合, 5
関数, 11
完全グラフ, 28
完全2部グラフ, 29

木, 31
基数, 2
逆関係, 16
逆写像, 13
鳩巣原理, 30
共通部分, 6
極大平面的グラフ, 95
距離, 49

距離行列, 49

偶奇性, 17
空集合, 3
クラトフスキーの定理, 90
グラフ, 19
グレッチュのグラフ, 101

k-正則, 43
経路, 23
ケーニヒスベルグの橋の問題, 71
ケーリーの定理, 42
元, 1

弧, 19
合成関係, 15
合成写像, 12
合同, 53
恒等関係, 15
合同式, 53
恒等写像, 12
5色定理, 109
孤立点, 25

サ　行

サイクル, 24
彩色, 99
彩色数, 100
最短経路, 49

146 索引

最適 k-辺着色, 118
細分, 90
差集合, 6

自己ループ, 22
次数, 27, 95
始点, 23
写像, 11
車輪, 100
集合, 1
終点, 23
出次数, 27
順序, 17
順序集合, 17
真部分グラフ, 67
真部分集合, 2

推移的, 16
スパニングツリー, 34

正規グラフ, 43
制限, 13
正則グラフ, 43, 51
成分, 25
成分数, 25
積集合, 6
接続している, 20
節点, 31
全域木, 34
線形順序, 17
全射, 12
全順序, 17
全順序集合, 17
全単射, 12

像, 11

タ 行

対称的, 16

互いに素, 10, 24
多重辺, 22
単射, 12
単純グラフ, 22
端点, 20

値域, 12
中国郵便配達人問題, 75
頂点, 19
超立方体グラフ, 45
直和, 9
直和分割, 10
直径, 49

定義域, 11

同型な, 34
ド・モルガンの法則, 7

ナ 行

長さ, 24

2 項関係, 14
2 部グラフ, 28
入次数, 27

濃度, 2

ハ 行

橋, 33
パス, 23
ハッセ図, 45
鳩の巣原理, 30
ハミング距離, 51
反射的, 16
半順序, 17
半順序集合, 17
反対称的, 16

索　引　147

ピーターセングラフ, 43
引き出し原理, 30
ビジングの定理, 117
ビット, 44
一筆書きの判定ルール, 61, 73, 74
一筆書きの辺の選択ルール, 65
非平面的グラフの判定ルール, 90
非連結, 25

部分グラフ, 28
部分集合, 2
普遍集合, 7
プラトングラフ, 91
フラーリーのアルゴリズム, 64
ブルックスの定理, 102
分割, 10

平面グラフ, 91
平面的グラフ, 88
平面的グラフに関するオイラーの公式, 93
平面への埋め込み, 91
閉路, 24
べき集合, 3
辺, 19
辺彩色, 111
辺彩色数, 111
ベン図, 8
ペンダント, 34
辺着色, 117

法, 53
補グラフ, 63

星グラフ, 29
補集合, 7

マ　行

交わらない, 10

無限面, 91
無向グラフ, 22
無向辺, 22

面, 91

ヤ　行

有限グラフ, 22
有限面, 91
有向グラフ, 22
有向辺, 22

要素, 1
4色定理, 108

ラ　行

立方体グラフ, 43
臨界, 100
隣接している, 22

ループ, 22

連結, 25
連結成分, 25

ワ　行

和集合, 5

Memorandum

Memorandum

Memorandum

Memorandum

〈著者紹介〉

一　森　哲　男（いちもり　てつお）

1982年　大阪大学大学院工学研究科修了
専　門　数理計画法，アルゴリズム論
現　在　大阪工業大学名誉教授，工学博士
主　著　公正な代表制（共訳，千倉書房）
　　　　ORによる経営システム科学（共著，朝倉書店）
　　　　オペレーションズ・リサーチ（共著，共立出版）
　　　　数理計画法──最適化の手法──（共立出版）他

グラフ理論	著　者　一森哲男　ⓒ 2002	
	発行者　南　條　光　章	
2002年10月 1 日　初版 1 刷発行	発　行　共立出版株式会社	
2023年 2 月15日　初版11刷発行	東京都文京区小日向 4-6-19	
	電話（03）3947-2511（代表）	
	郵便番号112-0006/振替口座00110-2-57035	
	URL www.kyoritsu-pub.co.jp	
	印　刷　加藤文明社	
	製　本　ブロケード	
検印廃止 NDC 415	一般社団法人 自然科学書協会 会員	
ISBN 978-4-320-01708-5	Printed in Japan	

JCOPY　＜出版者著作権管理機構委託出版物＞

本書の無断複製は著作権法上での例外を除き禁じられています．複製される場合は，そのつど事前に，出版者著作権管理機構（TEL：03-5244-5088，FAX：03-5244-5089，e-mail：info@jcopy.or.jp）の許諾を得てください．

◆ **色彩効果の図解と本文の簡潔な解説により数学の諸概念を一目瞭然化！**

ドイツ Deutscher Taschenbuch Verlag 社の『dtv-Atlas事典シリーズ』は，見開き2ページで1つのテーマが完結するように構成されている．右ページに本文の簡潔で分り易い解説を記載し，かつ左ページにそのテーマの中心的な話題を図像化して表現し，本文と図解の相乗効果で理解をより深められるように工夫されている．これは，他の類書には見られない『dtv-Atlas事典シリーズ』に共通する最大の特徴と言える．本書は，このシリーズの『dtv-Atlas Mathematik』と『dtv-Atlas Schulmathematik』の日本語翻訳版．

カラー図解 数学事典

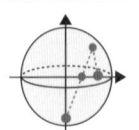

Fritz Reinhardt・Heinrich Soeder [著]
Gerd Falk [図作]
浪川幸彦・成木勇夫・長岡昇勇・林　芳樹 [訳]

数学の最も重要な分野の諸概念を網羅的に収録し，その概観を分り易く提供．数学を理解するためには，繰り返し熟考し，計算し，図を書く必要があるが，本書のカラー図解ページはその助けとなる．

【主要目次】 まえがき／記号の索引／序章／数理論理学／集合論／関係と構造／数系の構成／代数学／数論／幾何学／解析幾何学／位相空間論／代数的位相幾何学／グラフ理論／実解析学の基礎／微分法／積分法／関数解析学／微分方程式論／微分幾何学／複素関数論／組合せ論／確率論と統計学／線形計画法／参考文献／索引／著者紹介／訳者あとがき／訳者紹介

■菊判・ソフト上製本・508頁・定価6,050円(税込)■

カラー図解 学校数学事典

Fritz Reinhardt [著]
Carsten Reinhardt・Ingo Reinhardt [図作]
長岡昇勇・長岡由美子 [訳]

『カラー図解 数学事典』の姉妹編として，日本の中学・高校・大学初年級に相当するドイツ・ギムナジウム第5学年から13学年で学ぶ学校数学の基礎概念を1冊に編纂．定義は青で印刷し，定理や重要な結果は緑色で網掛けし，幾何学では彩色がより効果を上げている．

【主要目次】 まえがき／記号一覧／図表頁凡例／短縮形一覧／学校数学の単元分野／集合論の表現／数集合／方程式と不等式／対応と関数／極限値概念／微分計算と積分計算／平面幾何学／空間幾何学／解析幾何学とベクトル計算／推測統計学／論理学／公式集／参考文献／索引／著者紹介／訳者あとがき／訳者紹介

■菊判・ソフト上製本・296頁・定価4,400円(税込)■

www.kyoritsu-pub.co.jp　　共立出版　　(価格は変更される場合がございます)